北京市西城区青少年科学技术馆
青 少 年 科 普 读 物

百啭千鸣话趣闻

李　雪　　周晓煦　**著**
李福来　　张　帆　**审校**
　　　　　陈雨箫　**插图**

科学技术文献出版社
SCIENTIFIC AND TECHNICAL DOCUMENTATION PRESS
·北 京·

图书在版编目（CIP）数据

百啭千鸣话趣闻 / 李雪，周晓煦著. —北京：科学技术文献出版社，2023.7
ISBN 978-7-5235-0523-6

Ⅰ. ①百… Ⅱ. ①李… ②周… Ⅲ. ①鸟类—普及读物 Ⅳ. ① Q959.7-49

中国国家版本馆 CIP 数据核字（2023）第 134788 号

百啭千鸣话趣闻

策划编辑：周国臻　责任编辑：周国臻　责任校对：张　微　责任出版：张志平

出　版　者　科学技术文献出版社
地　　　址　北京市复兴路15号　邮编 100038
编　务　部　（010）58882938，58882087（传真）
发　行　部　（010）58882868，58882870（传真）
邮　购　部　（010）58882873
官　方　网　址　www.stdp.com.cn
发　行　者　科学技术文献出版社发行　全国各地新华书店经销
印　刷　者　北京地大彩印有限公司
版　　　次　2023 年 7 月第 1 版　2023 年 7 月第 1 次印刷
开　　　本　880×1230　1/32
字　　　数　145千
印　　　张　6.25
书　　　号　ISBN 978-7-5235-0523-6
定　　　价　38.00元

版权所有　违法必究

购买本社图书，凡字迹不清、缺页、倒页、脱页者，本社发行部负责调换

序　言

　　北京市西城区青少年科学技术馆（以下简称西城科技馆）始建于 1981 年，隶属北京市西城区教育委员会，是北京市建立最早的区级青少年科技活动场所之一。作为北京市校外科技教育的龙头单位，西城科技馆始终秉承"求真务实、开拓创新"的办馆理念和"立足服务区域，发挥供给侧功能"的工作定位，充分发挥科技馆优势，面向中小学生开展形式多样的科技教育活动，积极引导青少年认真观察、勇于质疑、勤于动手、深入探究、科学分析，对青少年学生进行保护生物多样性理念的渗透。

　　生物多样性包含遗传多样性、物种多样性和生态系统多样性，三者之间有着密切的联系，其研究对象囊括各种各样的生物。作为特化程度较高的类群，鸟类一直是人们关注的对象，在社会发展的历史长河中有着不可磨灭的功绩。它不仅可以作为人类的食物，还对科学、经济、文化、艺术等发展都有着重要的作用和贡献。随着现代社会的发展，鸟类与人们经济生活、文化生活甚至与人类生存的关系将会越来越密切。因此，保护鸟类就是保护生物多样性，也是保护人类自己。

　　为了向青少年宣传爱鸟、护鸟的重要意义，我们尝试着以趣味故事的形式向青少年朋友们介绍鸟类的趣闻轶事，如多姿多彩的鸟类世界、优秀飞行家、天下奇鸟、奇妙的求偶行为、温暖的"家"、田间天使、鸟与文明等。

　　本书力求普及性与科学性相结合、趣味性与知识性相融合、图文并茂，激发青少年对鸟类的学习兴趣，认识鸟类、爱上鸟类，提高对生物多样性及生态保护的认识，成为未来保护鸟类的志愿者。

　　翻开这本书，开始生物世界的旅程，迈入鸟类世界的殿堂，在这段神奇的旅途中你会收获到更多的知识与快乐！

马　娟

北京市西城区青少年科学技术馆

2023 年 4 月

目 录

第三章　天下奇鸟

第四章　奇妙的求偶行为

第一章

多姿多彩的鸟类世界

一·鸟类的祖先——始祖鸟

　　寻根溯源是人类研究活动的一大任务。能在天空自由飞翔的、谜一样的鸟类，它的起源一直困扰着科学家们——鸟类的祖先是什么样子的？德国巴伐利亚省索伦霍芬地区的新发现开启了人们研究鸟类起源的旅途。

　　1861 年，在德国巴伐利亚省索伦霍芬地区的石灰岩中发现了一种奇特的动物化石。这个化石动物的前肢有很清楚的羽毛印痕，很像鸟的翅膀，但有趾爪，

上下颌还有牙齿，头骨似蜥蜴类，还有一条由20多节尾椎骨组成的长尾巴。科学家研究后认为，这是一种古代鸟的化石，它既有一些鸟类的典型特征，又留有不少爬行动物的特征，因此人们叫它"美化了的爬行动物"，命名为始祖鸟。

自1861年发现第1具古鸟化石标本后，又于1877年、1956年、1970年和1973年相继发现了4具古鸟化石标本。奇怪的是，这5具化石标本都是在德国巴伐利亚省同一地区的同一地层地位中发现的。据推测，始祖鸟曾生活在1亿4000

万年前中生代的晚侏罗纪。它的飞翔能力很差，可能主要是滑翔。始祖鸟化石的发现，使人们多年来探索鸟类起源的研究有了重大突破，毫无疑义地证明了鸟类起源于原始爬行类这一说法，也是人们研究生物进化发展道路上的一个里程碑。

始祖鸟是爬行类动物进化到鸟类的一个中间过渡类型。它和现代鸟类相比较，身体大小和乌鸦差不多，全身长有羽毛，已经像鸟，前肢变为翅膀，后肢有四趾；但同时又有爬行动物的特征，如嘴里有牙齿、尾巴很长、胸部没有现代鸟类的龙骨突起、骨骼内不充气等。

鸟类的飞翔带给人类无限的遐想——鸟类是怎样从地上爬行的动物演变成飞上天空的鸟的？这是一个很难回答的问题，由于鸟类的骨骼轻而薄，羽毛又不容易保存下来，因而当时发现的鸟类化石很少，证据缺乏，人们只能用假说来推测飞翔的起源，形成了多种鸟类起源假说。公认的两种假说比较具有说服力，一种是"树栖起源假说"，认为原始鸟类是由树上攀缘，逐渐过渡

到短距离的滑翔，再发展到扇翅飞翔而进化成现代鸟类；另一种是"奔跑起源假说"，认为原始鸟类为双足奔跑的动物，靠后肢支持体重，以尾巴保持平衡，在奔跑中前肢伸展并扇动，以帮助后肢的行走，久而久之，前肢在助跑过程中逐渐发展成翼。

动物由爬行类进化到鸟类，经过亿万年漫长的历史变迁，在长期的生物进化过程中，鸟类逐渐适应空中飞翔生活，从外部形态到内部结构都发生了巨大的变化，成为陆生脊椎动物中种类最繁盛的类群。

据统计，世界上现存鸟类有9000多种，遍布整个地球。无论是冰天雪地的南北极，抑或是高耸入云的喜马拉雅山、荒无人烟的沙漠、浩瀚无边的海洋，还是淡水湖泊，都遍布着鸟类的踪影。

（二）· 南极的主人——企鹅

南极及附近海域，气候寒冷，几乎终年冰雪覆盖。在这白茫茫的冰雪世界，居住着世界上最不怕冷的动物——企鹅，它是南极的主人、寒冷的象征。企鹅的形象经常被印在制冷机械、冷冻食品的商标上。它们身穿白衣、白裤，外罩黑色礼服，活像一个绅士昂首直立在冰岸上，望海远眺，好像在企盼亲人的归来，企鹅由此而得名。

人们把企鹅当作南极的象征，那么企鹅是不是都生活在南极呢？实际上，全世界的企鹅有 18 种之多，其中有 7 种生活在南极，南极只是企鹅的主要栖息地，南极向北，非洲、大洋洲（澳大利亚）直至拉丁美洲的赤道附近，都有企鹅生活的足迹，但它们都生活在南半球。企鹅为什么不到北半球生活呢？人们带着这个问题和对企鹅憨态的喜爱，把企鹅带到北半球来饲养，惊喜的是它们不但生活得很好，而且有了自己的后代。但自然界的企鹅终究没有来到北半球繁衍生息，这个有趣的问题一直困扰着鸟类学家们。

企鹅是善于游泳和潜水的游禽，它的翅膀已经退化，变成短小而扁平的鳍脚，脚趾间有蹼相连，游泳时鳍脚快速拨动水面。白顶企鹅的游泳速度可达 36 千米 / 小时，轻而易举地就能超过一般的潜水艇。企鹅最突出的特点是脚长在身体的后部，可以直立行走，但走得很慢，走起路来摇摇摆摆，着实可爱。一旦遇到危险，就俯身趴下，肚子贴在冰冷的雪面上，用后足和鳍脚猛蹬地面，在冰雪上飞速滑行，时速可达 30 千米，堪称鸟类中的"滑雪冠军"。

企鹅还是最耐严寒的海鸟。那肥胖的身体披着鳞片状的羽毛，浓密而厚实，皮下有厚厚的脂肪，如同披上一件皮袄，所以能抵御零下 90℃的低温，耐寒能力远远超过北极熊，是最耐寒的动物之一。企鹅主要食小鱼、虾和软体动物，能饮海水。企鹅的舌头很特殊，上面布满了小小的倒钩刺，这种刺可以使光滑的食物顺利地进入食道。

企鹅的繁殖过程很是壮观。每到南极的夏天，企鹅就聚集在海中捕食鱼虾，把自己养得又肥又胖，以应付繁殖期间能量的消耗。秋季来临，在南极大陆漫长的黑夜来临之前，它们便离开了海洋，成群结队忍饥挨饿地踏上了前往繁殖地的征程。到达繁殖地后，它们不顾旅途的疲劳，高唱起恋爱进行曲。新婚不久，企鹅"妈妈"产下卵便交给企鹅"爸爸"，自己就匆匆忙忙地踏上归程，回到海洋中觅食去了。企鹅"爸爸"将卵放在双脚上，用肚皮处的皮肤褶——特殊的孵卵囊覆盖好，卵便在孵卵囊中靠爸爸的体温进行发育，七八月的南极是大风季节，风速高达每小时上百千米，气温达零下 50℃，企鹅"爸爸"就这样不吃不喝，静静地站在风雪中，等待小企鹅的出世。

两个多月后，小企鹅出世了，这时企鹅"妈妈"饱餐后又返回繁殖地来了，它循着声音找到自己的伴侣和孩子，接过小企鹅，饥饿的企鹅"爸爸"赶忙奔向大海去捕食了。刚孵出的小企鹅身披浓密的绒羽，靠吃"妈妈"嗉囊中分泌出的企鹅"乳"生活。"妈妈"喂养一个月后，就把小企鹅送到"幼儿园"中，由几位"老"

企鹅照料，自己又重返海洋觅食去了。这以后小企鹅只能间断地靠"爸爸""妈妈"轮流送来的食物充饥。一百多天后，小企鹅长大了，此时正值南极冰雪融化，食物丰富的夏天，小企鹅随父母奔向海洋，在大海中乘风破浪，开始了生活的新征程。

麦哲伦企鹅

阿德利企鹅

洪堡企鹅

三·北极的传说——雷鸟

北极，似乎是一个沉睡的冰雪世界，它显得遥远而又神秘，其实那里生机勃勃，栖息着各种珍禽异兽，雷鸟就是其中一例。

北极地区奇景万千，那里有冰川和乱石荒原，有海面漂冰，有荒凉的水洼和沼泽，在夏季又变成一片繁花似锦的陆地冻土带；有灌木丛和零星孤木，一片片的落叶松、罗汉松和枝节弯曲的白桦树。这是原始森林北部的边缘，树木虽不高不大，但却一棵棵的间距很近；北极地区有星罗棋布的湖泊，密如蛛网的大河、支流和小溪；有陡峭的和被海浪冲刷得平展的岩石海岸，堆满漂冰的、无垠的浴场。

北极地区的昼夜和季节很有意思，一年中只有寒暖两季。日出和日落也与其他地方不同，北极和极点附近只有一个昼夜，春分就好像早晨，太阳出来后，只是沿着地平圈打转转，然后才一点点地升高，盘旋上升；夏至时升得最高，以后又缓慢下降，

到了秋分降到地平线上，半年的白天就这样度过了。接着就是半年的黑夜。雷鸟就在这样奇特严苛的环境条件下顽强地繁衍生息着。

雷鸟是典型的寒带鸟类，主要栖居在森林的苔藓沼泽中，有时也到杨柳或矮白桦林里活动。最有趣的是它身体的羽毛颜色会随季节的变化而发生变化。当北极的夏天来临时，雷鸟披上了暗褐色而有斑纹的夏装；雄雷鸟的羽毛多为火红色，雌鸟的羽毛比较灰。一到冬季，全身羽毛变成白色。与栖息环境变化相适应，是鸟类逃避敌害、保护自己的很好例子。冬天雷鸟脚上的羽毛又密又长，有利于在松软的雪地上奔走。

雷鸟善奔走而又飞翔迅速，但不作远距离飞行，以适于地面上生活，有时在低矮的树枝上跳来跳去，很少飞上乔木。在其他季节很寂静的雷鸟，到了繁殖期很快结婚成对。婚期一反常态，十分喧闹，雄雷鸟会发出响亮的鸣叫声吸引雌鸟，雄鸟的吵闹声打破了北极宁静的苔原地带，呈现出连续不断的隆隆声。在此期间，雄鸟的飞行方式也很特殊，它从丘岗飞起来后，在距地不高处飞行一段距离，而后骤然向上飞起 15～20 米，几乎垂直地落于地面上。在飞起和降落时，雄雷鸟还会发出一种特殊的叫声，先是很高的 "ku" 音后降低，而后升高再降低，听起来洪亮而刺耳，好像是 "哈哈大笑"；雌鸟也不闲着，在它的巢区内不停地忙碌着搭建自己的窝——当然，仅是把巢筑在地上。

雷鸟的巢很简陋，寻找一个地面上的小土坑，铺有少许草、灌木的干茎、细枝和叶子，有时也用一些自己身上的小羽毛；巢很宽大，每窝产 8～12 枚卵，壳淡黄色，上面布满大小不同的浅棕色和褐色斑点，卵重 18～22 克。雌鸟单独孵卵，经过雌鸟 18～20 天的辛勤劳动，雏鸟便出壳了，雌雷鸟赶紧把小鸟带到一个比较隐蔽、安全的地方，在整个繁殖期，雌雄亲鸟都生活在一起，双亲共同抚育雏鸟。雏鸟刚孵化出来时吃昆虫，后来也和亲鸟一样吃一些浆果、树芽、树叶和嫩枝等。约 2 个月雏鸟长得就跟成鸟一样大小了。

北极的冬季非常寒冷，雷鸟大多结成 20～30 只的小群向森林苔原或森林地带漂泊，只有少数留在原地越冬。

雷鸟在鸟类大家族中属鸡形目、松鸡科，是一种留鸟。由于对寒带气候环境的适应，四季 "服装" 不同，夏装不太鲜艳，以褐色为主；冬装都变成雪白色，腿上有黑色羽毛，

冬季的特殊装束是跗跖和趾被羽毛覆盖形成"靴子"，宛如兔子的脚掌。

<h2>（四）· 荒芜沙漠中的鸵鸟</h2>

在雨水非常稀少的非洲沙漠上，生活着这样一些鸟，它高大的身躯足有 2 米多，腿很长，脚很宽，适于奔跑在沙漠中的石块和沙粒上，有着"骆驼鸟"之称。它就是现存世界上最大的鸟——非洲鸵鸟。

非洲鸵鸟是一种沙漠鸟类，自豪地拥有着鸟类的四个世界之最——世界上最大的鸟、跑得最快的鸟、脚趾数最少的鸟、鸟卵最大的鸟。

首先，它们是世界上最大的鸟，体高 2.3 米，体重达 135 千克。到过动物园的人都可以看到这体态魁伟、脖子

长而光秃、身着黑色或灰色羽毛的大鸟，它时而昂首阔步地在游客面前走来走去；时而抖翅，翩翩起舞，大脚趾点地，姿态很像芭蕾舞者。其次，非洲鸵鸟是世界上鸟类中的长跑冠军，每小时能跑 80 千米左右，如同一部快速奔跑的小轿车。鸵鸟虽然失去了飞翔能力，但退化的翅膀和尾羽、非常发达的腿部肌肉，以及

带有很厚趾垫的脚趾，都能帮助它适应在沙漠中奔跑。再次，作为脚趾数最少的鸟，非洲鸵鸟的脚趾数只有 2 个，2 个脚趾更适于在沙漠中快速奔跑。最后，非洲鸵鸟产下的鸟卵是世界上最大的鸟卵，重达 1.5 千克，是最小的蜂鸟卵的 1500 倍，是普通鸡卵的 25 倍。

非洲鸵鸟在奔跑中展开它们那擢升蓬松羽毛的双翼，借助风力，犹如扬帆远航的快艇，稳健而轻快。翅膀在鸵鸟求偶时同样起着极其特殊的作用，雄鸟张开翅膀翩翩起舞，同时前后摆动着它那细长如蛇的颈，嘴里还不断地发出奇特的声音取悦雌鸟；有时为了争夺"情人"，也会又踢又啄地进行一番激烈的争夺战，直到一方战败逃跑为止。鸵鸟家族"盛产"尽职尽责的好父母，

一旦孵育儿女，就时刻不停地照顾看护它们，例如展开翅膀为雏鸟遮挡强烈的阳光。如果有任何敌人敢来欺负小鸵鸟，肯定会遭到亲鸟的大喊大叫及高速度的冲击。一旦不幸遭到鸵鸟的致命一踢，轻则弄个断腿折腰，重则还可能有生命危险呢。

像鸵鸟这样如此巨大的身躯，靠什么食物维持生活呢？

其实鸵鸟是主素食的鸟类，主要吃植物的芽、叶子、种子和一些果实，但有时也吃一些软体动物、爬行动物、两栖动物及昆虫等小动物，所以它的食性是很广泛的。

你能想到鸵鸟曾经与财富有过关联吗？这个传说是这样的：一个世纪以前，有一个猎人射得一只鸵鸟，解剖鸟胃，惊奇地发现其砂囊胃中有数颗光彩夺目的宝石，仔细数一数，一共53颗钻石，据说创造了从一只鸵鸟体内获得钻石数量之最的纪录。鸵鸟胃里怎么会有钻石呢？原来鸵鸟和鸡一样要吃进一些砂粒，以帮助磨碎食物，而鸵鸟又特别喜欢吃那些光亮的砂石，如钻石、玻璃等。鸵鸟生活的非洲沙漠，是盛产钻石的地方，所以鸵鸟砂囊中有钻石就不足为奇了，但是这却给鸵鸟招来了杀身之祸。

鸵鸟这个大家族中还有生活在其他地方的"亲戚"，比如位于大洋洲大陆上的澳大利亚鸵鸟——鸸鹋、生活在美洲大陆的美洲鸵鸟——鹤鸵（lái ǎo）。鸸鹋是澳大利亚著名特产之一，在澳大利亚的国徽上，你可以看到左边是一只袋鼠，右边就是一只鸸鹋。鸸鹋稍小于非洲鸵鸟，身高1.5米，体重50～60千克，可以排到世界第二大鸟。鸸鹋性情温顺，善奔跑，每小时能跑60千米，有快跑健将之美称。除此之外，鸸鹋还有高超的游泳本领。你若

仔细观察的话，会发现鸸鹋和鸵鸟相似又不同，鸸鹋的颈部羽毛非常丰满，翅膀、尾羽都不明显，羽色是灰色和褐色相间的，脚趾也不像鸵鸟仅有 2 个，而是 3 个，它们以树叶、果实及植物的种子和昆虫为食。

鹈鹋产于南美洲，它的外形很像非洲鸵鸟，但脚有三趾，又被称作三趾鸵鸟。体高约 1.6 米，体羽轻软，主要为暗灰色，翼比较发达，是美洲最大鸟类。

传说观点

鸵鸟把头藏在沙子里，就以为别人看不见它了，这个说法是不正确的。

五·热带雨林中的极乐鸟

地球的赤道附近、南北回归线之间，那里阳光直射，终年高温，属热带气候，栖息着许许多多的热带鸟类。这次要介绍的是在伊利安岛及澳大利亚东南部的热带雨林中生活着的一种非常美丽的鸟，这就是世界上著名的观赏鸟——极乐鸟。

极乐鸟多栖息于大洋洲上的一个岛国——巴布亚新几内亚，那里山高林密，到处丛生的奇花异草，全年闷热高温，多雨潮湿，

年平均气温在 24 ～ 30℃，是极乐
鸟适宜的栖息地。

　　极乐鸟常生活在人迹罕至的地
方，人们只能看到它在天空中飞翔，
于是就有了一个美丽的传说。传说
极乐鸟住在"天国乐园"里，吃食
天露花蜜，是一种"神鸟"，成为
巴布亚新几内亚人的骄傲，他们把
极乐鸟印在国旗上，刻在国徽上。
极乐鸟非常爱美，"担心"飞行时
被后面的风吹乱美丽的羽毛，总是逆风飞行，所以又称它为"风
鸟"。极乐鸟还有很多名字，像雾鸟、风堂鸟、太阳鸟等都是它
的别名。

　　极乐鸟都是能歌善舞的，它们生活在密林中充满着欢乐。到
了夏天，极乐鸟开始"成婚"，雄鸟常在薄雾弥漫的黎明时刻成
群聚在一起，参加鸣唱、舞蹈的"比美会"。雄鸟们展翅摆尾，
在树林中的树枝间时急时缓地蹦来跳去，曼声歌唱尽显其能，在
晨曦中雄极乐鸟显得更加色彩缤纷、娇艳无比。

　　　　　　　就在这样的"比美歌舞会"上，雌
鸟们则按兵不动，在一旁静静地观看，
一旦看中哪只雄鸟，便与其比翼齐飞，
双双飞进密林中，度起"蜜月"。婚配后，
雄鸟便独自离去，余下的事情就要辛苦
雌鸟了。雌鸟选好高高的大树，辛勤地
筑起巢来；巢筑好后，雌鸟便产下两枚卵，
独自孵卵，大约 2 ～ 3 周后，雏鸟出壳
了。极乐鸟的雏鸟属晚成鸟，需要靠母

亲精心的喂养，喂养大约 3 周时间，小极乐鸟就可离巢独立生活了。

极乐鸟种类很多，有 40 多种，巴布亚新几内亚就拥有 30 多种，其中最著名的当数顶羽极乐鸟、带尾极乐鸟、蓝色极乐鸟和镰嚎极乐鸟了，它们是巴布亚新几内亚的特有种类。

顶羽极乐鸟头上长有两根长达 60 厘米的羽毛，超过体长将近两倍，很像姑娘的大辫子，飘逸而优雅。更有趣的是，两根顶羽的结构和颜色并不一样，一根褐色，另一根羽杆上长着蓝色光滑的细绒毛。当地人们采到后拔下这两根羽毛，插在自己的头上做装饰，以示威武。

带尾极乐鸟的体色呈咖啡色，身体两旁是长长的金黄色绒状羽毛。舞蹈时绒状羽竖起，犹如两面金黄色的扇形屏风，似"孔雀开屏"，可以将脚掩盖起来。

蓝色极乐鸟的羽衣鲜艳美丽，最有趣的是雄鸟向雌鸟求爱时，会在不停地鸣叫的同时，将自己的身体后仰，倒悬在树枝上，像杂技演员一样在树枝上盘旋翻滚，使它全身的艳丽羽毛全部抖擞，犹如千百条彩带一样迎风飞舞。

极乐鸟在鸟分类学上属雀形目、风鸟科，它们都身穿像织锦一样的彩色羽衣，艳丽而光亮，常有各种饰羽。它们的羽毛常被当地人作为装饰品和结婚礼品。在重大的节日和庆典上，人们头插五光十色的极乐鸟羽毛，欢乐地跳起土风舞。

> 极乐鸟不仅是巴布亚新几内亚人的爱物，也是西方人的珍宝，当地人大肆捕杀极乐鸟，运往欧美高价出售，使得极乐鸟数量逐渐减少。1975 年巴布亚新几内亚独立后将极乐鸟定为国鸟，政府制定了一系列法令，禁止极乐鸟出口交易，这才使极乐鸟得到了有效保护。

（六）· 驰骋草原上的大鸨

大鸨（bǎo）是一个陌生而有趣的名字，它生活在一望无际的草原上，常常出没在云雀、百灵鸟活跃的草丛间，是我国草原上最大而且最典型的鸟类之一，每年春季一二十只结成群飞到吉林、内蒙古和黑龙江省的草原地带繁殖后代，秋冬季再飞到河北、山东及黄河流域以南一带，度过寒冷的冬天。

大鸨的名字得来有两种传说：一则是古人认为大鸨常常 70 只左右一起集群生活，所以古人就在鸟字左边加上"七十"而称鸨；另一则传说是人们认为大鸨全是雌鸟，是百鸟之"妻"，就将这种鸟称之为鸨。当然这两种说法都是不科学的，经过鸟类科学家的进一步调查，大鸨喜欢集群生活，特别是在迁徙时，但并不像古人认为的那样，都是

70 只一群，实际上多是结一二十只小群进行迁徙。由于大鸨雌雄个体差异很大，人们错误地将雌鸨和雄鸨列为两个种，所以产生了大鸨只有雌性的错觉。

大鸨，也叫地鵏，在鸟类大家族中属鹤形目、鸨科，短直的脖子上托着一颗小脑袋，有一个尖而扁的嘴，尾呈扇形，头蓝灰色，两翅呈灰白色。雄鸨身高将近 1 米，体重 10 千克左右，颏下长有长长的胡须，繁殖期颈下部由白色变成橙栗色。雌鸨身高不足 0.5 米，体重只有 3.6 千克左右，颏下没有胡须。大鸨非常健壮，脚只有三个短脚趾，善于奔跑，不善飞翔。平时飞得不高也不远，起飞时头抬起，重心前倾，双脚有节奏地助跑 20～30 米，然后慢慢用力鼓动双翅，渐渐离开地面，犹如飞机在跑道上起飞一样。

每年 4 月初，大鸨结群迁到繁殖地，分散在草原上起伏的岗间洼地。大鸨的求偶行为也非常有趣，雄鸨双腿微屈，伸直颈部，尾羽向上翘起，露出白色的尾下覆羽，向雌鸨求偶炫耀。雄鸨身上白色羽毛越多、越白，就越受雌鸨的青睐。雄鸨时时翘起尾羽，展开翅膀，颈下裸露皮肤变成蓝灰色，丝状胡须竖起轻轻摆动，胸部隆起并有节奏地抖动，昂首阔步地围着雌鸨跳起了优美的舞蹈。雌鸨被雄鸨优美的舞姿、健壮的身体所吸引，它们就成了"恩爱夫妻"。

大鸨的巢很简陋，在地面上扒一个浅坑，有的巢内有少量的干草，有的根本没有巢材；巢一般都设在地势较高而干燥的草岗南坡上。5月上旬，雌鸨开始产卵，每窝产卵2～4枚，卵壳呈青灰绿色，上面布满许多不规则的褐色斑点。卵产下后，雌雄鸨合作孵卵，孵卵的鸨警惕性很高，一旦发现情况，就把头伏下，以它那与环境颜色相近的体色，迷惑天敌。

孵化30天后，雏鸟出壳了。大鸨的雏鸟属早成鸟，出壳后即身被绒羽，眼睛睁开，两天后就能在草原上奔跑取食，并随亲鸟离巢过起游荡生活，2个月后幼鸨就能独立生活了。秋天一到，便随着鸨群向南迁飞。

大鸨很少鸣叫，因为它的鸣管退化，几乎成了哑巴。它的主要食物是嫩绿的野草，在繁殖期间喜欢吃昆虫，特别爱吃蝗虫，是捕食害虫的能手。大鸨生性温顺，常被它的天敌——草原上的一种鹞骚扰，对鸨的幼鸟威胁更大。这种鹞经常低空盘旋，一旦发现大鸨，猛然俯冲，用锐利的爪抓取。

大鸨以体大、肉肥而香、卵大且富有营养而著称，是著名的狩猎鸟类和观赏鸟类。大鸨体态健美，羽衣华丽，一直深受人们的喜爱。

由于草原的过度开发，人类的干扰和偷猎严重，大鸨的数量日渐减少。目前，我国的内蒙古草原仅有三四百只了，大鸨已被列为我国一级保护动物。

七·高山上的秃鹫

大家都知道，世界上现存最大的鸟是产于非洲沙漠中的鸵鸟，但鸵鸟的翅膀已然退化，失去了飞翔能力，那么，最大能飞翔的鸟要数秃鹫了。

秃鹫是一种身形巨大的鸟，裸露的头颈部皮肤呈铅灰蓝色，头顶是稀疏的、暗褐色的细绒羽，颈项部的绒羽较长而致密，好像一个脖领；嘴强大，尖端钩曲，翅形长而宽大，最大的秃鹫体重可达 11 千克，两个翅膀展开可达 3 米，确实可称得上飞禽中的庞然大物了。

之所以说秃鹫是鸟中之王，除了它们有巨大的身躯、宽阔的翅膀，还因为它有威严的形象。秃鹫一般生活在海拔较高、光裸的山区，喜欢独自伫立在悬崖绝壁的突出岩石上，

常常一动不动。有时略略抖动一下硕大的身躯，显得很威严，因此又有"座山雕"的绰号。秃鹫头部绒羽短而稀少，远看好像一个大光头，两眼很大且有神，闪着凶光，给人一种凶神恶煞的感觉，看起来很可怕。不过，秃鹫在地上行走时，翅膀一耸一耸，相当滑稽。

秃鹫的飞翔能力很强，常在高山裸岩的高空翱翔，飞翔时宽阔有力的双翼伸展呈一条直线，不时地鼓动着翅膀，利用上升的气流将硕大的身躯托在蓝天白云之下。有时它可以在空中连续翱翔近10个小时，飞翔能力可以和另一种大型飞禽——天鹅相媲美，能在很高的天空飞翔。

秃鹫虽然样子凶猛，嘴强而有力，尖端有钩，但趾、爪都不像一般猎食猛禽那样强有力而钩曲，因为它们主要以大型动物的尸体为食，偶尔才捕食一些小动物，甚至捕食年老体弱的山羊、鹿类等动物。

秃鹫的视力非常敏锐，展开双翅在上千米高空翱翔，地面上的猎物都能看得清清楚楚。如果发现地面有兽类尸体，就会从容地盘旋而下，降落在尸体附近，先观察一下周围的环境，觉得没有异常，才走向前贪婪地抢食尸体。十分饥饿的时候，如果看到地面上有病残的小牛、小羊、野兔和旱獭之类的动物艰难地蹒跚行走，就会立即穷凶极恶地把双翅竖在背后，张大钩曲的嘴，竖起颈部的羽毛，犹如饿狼扑食般地自高空呼啸而下，扑向猎物的速度之快是我们难以想象的，仅仅是一瞬间。

秃鹫的繁殖习性人们了解得还不够详细，一般筑巢在人们难以攀登的悬崖峭壁上，这对后代是一种很好的保护。每年的2～5月是秃鹫的繁殖期，一般雌鸟只产 1 枚卵，偶尔产 2 枚卵。雌雄亲鸟轮换孵化，孵化期较长，需要 50 天时间雏鸟才能出壳。雏鸟为晚成鸟，需要亲鸟长期照顾和喂养。育雏期间，雄鸟每天不断地供给雌鸟和幼雏食物，雌鸟则在巢中喂雏或守卫在巢旁。当雏鸟长出羽毛可以到巢的附近活动时，雌鸟才外出捕食，以满足雏鸟日益增长的食物需要。雏鸟生长期较长，要 90～150 天才能独立生活。

　　秃鹫属隼形目、鹰科，是腐食性类群，在自然界生态平衡中起着清除污物、保护自然环境、促进物质循环和维持生态平衡的重要作用，在我国属于国家一级保护动物。

八 · 湖泊中的鸳鸯

假使没见过鸳鸯，到动物园水禽湖边，你一眼就会认出这个世界上最美丽的水禽，它们或许成双成对亲昵地在一起戏水，或许在捞食游人投喂的食物。

野生鸳鸯是一种候鸟，每年3月底，它们结小群飞到我国东北的乌苏里江、黑龙江和长白山地区水域，那里是它们生儿育女的地方；9月底又20余只一起迁徙到浙江、福建、广东和台湾等地，在那里度过寒冷的冬天。鸳鸯喜欢生活在山地的河谷、溪流或淡水湖泊中。

鸳鸯自古就不断地出现在我国古代的诗词和书画中，是美丽、友谊和情爱的象征，人们常以鸳鸯来比喻爱情的忠贞，祝福婚姻长久，白头偕老。人们还喜欢把成双成对的物件冠以"鸳鸯"之名，如"鸳鸯被""鸳鸯菊""鸳鸯湖""鸳鸯剑"，等等。人们赞美鸳鸯是恩爱夫妻的表率，曾有这样一个传说，雄的叫鸳，雌得叫鸯，它们一旦结为夫妻，便成为终身伴侣，永远也不分离。即

使其中一只死了，另一只往往终身不再"嫁娶"，而孤独地熬过凄凉的岁月。我国传统的婚姻吉庆中，也总爱用"鸳鸯福禄""鸾凤吉祥"等诗句来祝贺志禧。这些都是由于看到鸳鸯在繁殖季节，在清澈明净的湖泊中，双双成对，求偶炫耀，而引发出的一种联想，也掺杂着人们向往美好的一种愿望。

其实在自然界，鸳鸯只是在繁殖期间才成双成对，形影不离。早春，鸳鸯就从南方成群结队来到还是一片茫茫雪原的繁殖地，它们不顾长途的疲劳，不怕寒冷，双双在刚刚融化的河水中嬉戏，互相交流着情感。雄鸳鸯常高耸着冠羽，头部不时地左右摇摆，或频频向雌鸳鸯低头，不住地梳理自己的帆状饰羽，以取得"情侣"的欢心。有时它们还会各自表演一番精彩的"舞蹈"，比如快速地在水面上滑行，突然潜入水中之后挺胸抖羽，等双方互相倾慕之后，便双双离开集体，钻进幽静的森林小溪中，度过它们的"蜜月"生活。

鸳鸯属于树栖鸭类，它们把巢筑在高大树木的树洞中，或者岩石的缝隙中。产卵前，雌鸳鸯先要好好收拾一番"产房"，把一些柔软的绒毛、木屑等铺在巢洞底部。为了避免冻着小宝宝，还忍痛把自己身上最柔和、最温暖的绒毛一根根拔下来铺在洞中，然后才在上面产卵——雌鸳鸯不愧是好"妈妈"。

产完卵后，雄鸳鸯就自顾自了，它忘记旧情不再露面了，等到来年的春天，它或许与原配重温旧情，或许另寻新欢。

孵卵和育雏工作由雌鸳鸯独自完成，它要在产房中待上30天。之后小鸳鸯终于破壳而出了，它全身长满了漂亮的毛状绒羽，两

眼睁开，嘴巴吱吱叫着，不到两小时，小鸳鸯就能在地上蹒跚而行了。出壳后的第二天，它就能随着"母亲"漫游在江河湖泊之中了，但这时还不会飞。再过三个多月，小鸳鸯就会飞了，并随着"母亲"一起迁往南方，开始新的生活。

在动物分类学上，鸳鸯属雁形目、鸭科，是中型鸭类。雌雄外貌相差悬殊，雄鸟头部披有红、紫、绿和白色长羽组成的羽冠，眼后有一条白色的眉纹，翅上有一对栗黄色的扇状直立羽，腹部白色，背部红褐色，五彩斑斓，华丽动人；雌鸟则不然，体型比雄鸟小，头部灰色，背部褐色，腹部纯白色，头上没有羽冠，翅上也没有帆羽，淡妆素抹，朴素大方。

鸳鸯的食性比较复杂，一般春秋季迁徙时，以植物性食物为主，多吃一些草籽、橡子、玉米、稻谷及河中的青苔，少量地吃一些鱼、蛙。而在繁殖季节，则以吃动物性食物为主，如鱼类、蛙类、昆虫、蜗牛等，也兼食一些草籽、忍冬果实等。鸳鸯是我国的二级保护动物。

九·高歌云霄的百灵

百灵鸟无论在体形、体色上，还是在外貌上都很一般，与常见的麻雀相似，但身体较麻雀大，是人们喜爱的观赏鸟。百灵鸟是鸟类中著名的"歌唱家"，春天到来时，在那辽阔无垠的草原上，或者一片金黄色的麦浪中，从早到晚都可以听到它们放声歌唱，那婉转动听的歌声，使整个大自然洋溢着无限的生机。

百灵鸟不停地歌唱，是为了占地盘寻求配偶。由于它没有华丽的羽衣，要博取雌鸟的青睐，那就要靠优雅的姿态、甜美的歌喉了。百灵鸟鸣声嘹亮，音韵婉转多变，飞翔时直唱入云端，歌声好像是从云霄里冲出来似的，因而又叫它"告天子"。

雄鸟的求偶仪式是在飞翔和鸣叫中进行的。当雄百灵鸟的歌声招来雌鸟后，就东跳西跃地在雌鸟面前"献媚"，然后鼓翼起飞，同时殷勤地邀请"情侣"一同向天高飞。雄鸟飞在前，歌唱着直线上蹿，雌鸟在后面紧随飞翔，歌声直冲白云深处，不久它们收敛鸣声，从高空快速飞落进草丛，这时便婚配了。

百灵鸟生活在荒漠草原，多在草丛中奔驰觅食，以嫩草芽、根、草籽及昆虫为食。巢筑于草丛中地面凹窝内，每年产卵两窝，每窝3～5枚，雌雄亲鸟轮换孵卵。初生的雏鸟属晚成性，全身仅有稀疏绒羽，眼睛紧闭，亲鸟以昆虫喂养，一个多月后才能独立生活。孵卵和育雏期间的百灵鸟非常机灵，计谋多端，外出觅食时，总是先在地面上奔跑，奔跑一段路，然后飞去；归来时也是在距巢不远的地方落地，再走一段路，而后归巢，防止暴露巢地，能有效地躲避天敌的侵害。

　　百灵鸟聪明伶俐，善鸣叫，而且很会效仿其他鸟的鸣声，很受养鸟爱好者的青睐。驯养百灵鸟在我国有着悠久的历史，经过长期饲养和调教的百灵鸟，不仅能模仿各种动物的叫声，还能模仿人言，并能学会简单的歌曲。它能仿效鸟类中的燕子、黄鹂、杜鹃、喜鹊、麻雀、画眉、黄雀、灰喜鹊等鸟的鸣声，还会学鸡、鸭、猫、狗等多种动物的叫声。有的百灵鸟还能将学习的鸣叫"成龙配套"地唱出来，这样的百灵可说是"身价百倍"。

　　百灵鸟不仅能歌而且善舞，在鸣叫时伴随着各种优美的姿态，人们为这美丽的姿势起了不同的名字：有时两翅展开，形似蝴蝶在花丛中飞舞，被称为"蝴蝶开"；有时尾巴向上翘起，誉为"元宝开"；有时两翅向外作飞势，叫作"凤凰展翅"；边叫边飞的则被称作"飞鸣"。

　　百灵鸟在分类学上属于雀形目、百灵科，产于我国内蒙古和河北省。它的头和尾上覆羽栗红色，背部羽毛主要为砂土褐色，两翅和尾黑褐色，缀以微白色羽端；下体羽毛主要为沙白色，较为明显的标志是白眉和黑色项圈。白眉就是在两眼上方，由前至后各有一条白色条纹伸至脑后相连；黑颈圈就是在颈前方有一明显的间断黑圈。

　　百灵鸟能逼真地模仿各种动物的叫声，而且可以配套成龙。在我国，对百灵鸟的鸣叫很有讲究，若能学会13种鸟、兽、虫的鸣叫，称为"十三套"。十三套的内容排列却南北方不同，北方讲究学麻雀叫开头，接着是母鸡嘎嘎、猫叫、雨燕哗哩哗哩、犬吠，喜鹊、红子（沼泽山雀）、油葫芦、鸢（老鹰）的叫声，小车轴声、水梢铃响，最后以大苇莺、虎不拉（伯劳）的鸣叫结尾，需要将这13种叫声顺利模仿唱出。培养百灵鸟模仿歌唱是很费功夫的，幼鸟羽毛一掉完，雄鸟歌喉就常鼓动，发出细小的嘀咕声，此时就应该让它学叫了。用驯养成功的老鸟"带"最省事，也可到自然界去请"教师鸟"，有的用放录音的方法，但声音易失真，还需要到野外或找其他鸟矫正。

通常所说百灵鸟多指蒙古百灵，人们饲养的还有沙百灵、凤头百灵。

﹢ · 夜间歌唱的夜莺

鸟儿一般喜欢在阳光灿烂的白天鸣叫，歌声悠扬悦耳，抑扬顿挫，令人赏心悦耳。但你是否知道，有些鸟儿不是在白天，而喜欢在夜阑人静、星月当空时高歌一曲。夏季寂静的晚上走在森林中，要是能听到美妙悦耳的歌声，实属幸运。人们把这种善于夜间歌唱的"歌手"叫夜莺。

但是，鸟类学家们研究后认为，夜莺的名字不确切，因为它不是"莺类"。夜莺的真正名字叫红胸鸲（qú），在鸟分类学上属于雀形目，鹟科，鸫亚科的鸟。它其貌不扬，身披橄榄褐色的羽衣，额、喉、胸为蔷薇红色，下体颜色暗淡并带白斑。夜莺身体娇小玲珑，有一双美丽可爱的白眼圈，由于它喜欢在清晨、黄昏甚至月夜放

声歌唱，听到它的歌声。人们便知道是什么时辰了，因此人们送它一个雅号"知更鸟"。

每年4月，雄性夜莺便匆匆由远海以外，一直飞到温暖的大陆、内地的深林中，隔上1周或10天雌鸟才迟迟飞来。奇怪的是它们不仅能飞如此远的距离，而且还能准确无误地回到它们旧日的"家中"，这不能不让人们赞叹它们强大的记忆力。

在"婚配"季节，雄鸟总是使用自己拿手的招数，获取雌鸟的"欢心"。雄性夜莺以歌声和胸部的红色"求爱"，它孜孜不倦地鸣唱，胸部红色也不时地膨胀鼓动，一直到雌鸟与它行了"婚礼"，一边鸣唱，一边筑起"爱的小巢"。夜莺的巢筑在丛林下、

树木空洞中，有的胆大妄为者会把巢筑在人家屋内书架上或教堂中，巢外围以枯枝，内铺柔软的羽毛。夜莺每年产 2～3 窝卵，每窝 5～7 枚，卵壳白色，有红斑点。

夜莺的歌声悠扬动听，格调委婉多变，是一个不知疲倦的"歌唱家"。来到故乡，就天天在人们就寝的夜间独自歌唱，求偶期间达到高潮。就连"爱妻"在巢中已经孵卵了，雄鸟还守在巢旁不停地歌唱，为"爱妻"带来无限的欢乐。一般认为夜莺在孵出第 2 窝雏鸟以后，大体 6 月还能歌唱的就很少了。这时候的雄鸟才担当起做"父亲"的义务，帮助捕捉昆虫、蚁卵、小蚯蚓等食物，饲喂它们饥饿的儿女。

夜莺属于食虫益鸟，常喜欢吃蠕虫、甲虫等昆虫，也吃人们扔的面包等各种食物碎屑，还吃一些果实和植物种子。夜莺在英国广泛分布，能与人们友好相处，并在英国的国民中享有很高的声誉。1960 年，英国通过国民投票，把夜莺选定为英国的国鸟。红胸鸲常在圣诞卡和圣诞纪念邮票上出现。英国两支足球队布里斯托尔城足球俱乐部和斯文登足球俱乐部的绰号就是红胸鸲。我国也有夜莺，就是新疆歌鸲。

十一 · "家庭煮夫" 鹤鸵

鸟类大多数是雌鸟孵卵抚育后代或者雌雄轮换孵卵和共同育雏，然而，生活在澳大利亚及附近岛屿的鹤鸵却是由雄鸟孵卵和抚育后代，是负责任的"爸爸"。

鹤鸵又叫食火鸡，生有长腿、长颈，似鹤，但又是鸵鸟类的走禽，故名鹤鸵，它与鸸鹋是表兄弟，都是澳大利亚特产鸟类。鹤鸵身高 1.8 米，翅膀退化，仅有几根棘状羽轴，不会飞，但腿强劲有力，善于奔跑。

鹤鸵全身披着粗毛状的羽毛，垂于身体的两侧，呈光亮的黑色；头颈裸露呈蓝色，长有珊瑚般的皮瘤；头顶戴着一个半扇状的角质盔，喉下拖着赤红色的肉垂，身体饱满，腿部肌肉特别发达，足有三趾，内趾爪似利刃，是强有力的攻击武器，能直插入人的内脏，被列为世界上最危险的鸟类。

鹤鸵虽然与鸸鹋为表兄弟，但性格却截然不同。鸸鹋温顺善良，鹤鸵却凶猛彪悍，性格暴戾、急躁，又是"神经质"的鸟，稍遇惊扰就狂奔乱逃，遇敌敢用锋利似刀的内趾攻击，对人类也不例外，常有将人的肚皮抛开造成死亡的事例。因此，当地人们看到鹤鸵时都格外小心谨慎，避之不及。

鹤鸵在茂密的充满棘刺的丛林中能自如地穿梭，角质的头盔可以很好地保护自己不受伤害。头盔外部包被一层光滑的角质层，内充泡沫样的空隙，能起到缓冲的作用。身体羽毛硬而光滑，不会被蔓藤荆棘挂住，所以能以惊人的速度迅速穿越森林，时速达 50 千米。不仅如此，鹤鸵还是一个跳

高能手，奔跑中可以轻松跨越两米多高的障碍物。鹤鸵生活在遮天蔽日的苍林中，好像有些惧怕阳光，因此，常常在日出前或太阳落山后出来觅食。

野生的鹤鸵喜欢独来独往，只有到繁殖季节才能集结在一起交配。雌性鹤鸵体型大于雄性，性格更加暴躁孤僻。在密林中雄性鹤鸵求偶后，只有在雌性鹤鸵满意对方时才能接受雄性的交配；婚礼仪式后，雌性鹤鸵就没了耐心，转而将雄性鹤鸵赶出自己的领地。若雄性鹤鸵没能及时逃离，就有被雌性鹤鸵抓破肚皮的可能，因此人工饲养条件下达到繁殖非常困难，北京动物园曾经有饲养近 30 年没有人工繁殖的记录。

鹤鸵食量很大，所以非常贪食，即使石子、铁片、玻璃之类的硬物也要吞下去，甚至传说鹤鸵有吞食火炭的习惯，所以又有"食火鸡"之名。鹤鸵最喜欢吃的是多汁的果实，当然也吃一些昆虫、蛙类、蜥蜴等小动物，以增加蛋白质营养。

鹤鸵属鹤鸵目、鹤鸵科。在南半球澳大利亚的春季开始繁殖，巢筑在地面的凹陷处，以树枝、树叶或草为巢材，每巢产卵 3～8 枚；卵为鲜艳的淡绿色，重约 500～750 克。很独特的是，鹤鸵由雄性孵卵育雏，孵化 47～50 天，小鹤鸵出壳后就能随父行走，雄鹤鸵继续照顾幼鸵 9 个月之久。幼鹤鸵全身毛茸茸的，有黑黄相间的条纹，十分可爱。

第二章
优秀飞行家

一 · 展翅翱翔的山鹰

飞行是鸟儿的特技，它们有的低空盘旋，有的振翅高飞，有的高空翱翔；有时扶摇直上，有时俯冲而下，这些特技表演大都是为了觅食和季节性的迁徙，鸟儿可以在不同的环境条件下施展不同的飞行技术。

大体上说，鸟儿的飞行姿态有三种。一种是滑翔飞行，是一种最简单而且最原始的飞行方式，鸟儿张开双翼，产生少许上升力，借助气流在空中自由地滑降。另一种是鼓翼飞行，这是鸟类最普

通和最常见的飞行姿势，鼓翼飞行时，翅膀上下运动，动作十分协调，能用最小的能量达到最大的速度。第三种就是翱翔了，翱翔是一种比较特殊的飞行方式，它是利用空气中上升气流的浮力，像风筝一样不需扇翅，就能长时间地滑翔在空中。

最善翱翔的当属鹰类了。人们常说的鹰是一个统称，指的是那些白天活动的隼形目猛禽，在我国分布有 56 种之多。鹰有许多技艺超群的本领，是鸟类中的冠军。

大家都知道世界上最大的鸟是鸵鸟，但鸵鸟的翅膀已经退化了，只会在地面上奔跑，不会在空中飞翔。那么世界上最大的能飞的鸟是什么鸟呢？它是产于美洲的一种鹰，叫康多兀鹫，体重达 11 千克，两个翅膀张开足有 3 米，是飞鸟中的庞然大物。

鹰是世界上飞得最高的鸟类之一，登山运动员在攀登世界屋脊——珠穆朗玛峰时，除了天鹅外，还看到一种叫喜马拉雅的山兀鹫，在海拔 7000 多米的山崖上自由翱翔。鹰也是世界上飞速最快的鸟类之一，它扑向猎物的那一刹那，速度可达 100 米 / 秒，相当于人类短跑冠军的 10 倍，几乎接近音速。鹰还是世界上最凶猛的鸟类，有几种大型的雕，可以捕杀比自己还大的野兽，连凶狠的狼也难幸免。鹰更是世界上分布最广的鸟类，除了少数海岛和南极洲之外，到处可以见到它搏击长空、翱翔于蓝天的身姿，这些足以说明鹰是"鸟中之王"的称号当之无愧。

鹰虽然不像极乐鸟那样羽色华丽、孔雀那样婀娜多姿、朱鹮那样风姿绰约，但也并不丑陋，它有矫健的身姿、炯炯有神的大眼、强健而有力的腿和脚，具利钩的爪和嘴。它的视力极其敏锐，又极善飞翔，在高空缓缓盘旋的同时，聚精会神地注视着四周，一旦发现猎物快速追捕，用利爪紧紧抓住，来个措手不及，令人赞叹不已。

　　鹰大多在早春时节繁殖，以"婚飞"开始。雄鹰在自己的巢域上空以各种姿态飞行，并发出大声鸣叫，以博取雌鹰的"爱慕"。婚配后雌鹰爱在深山绝壁或密林深处筑巢，巢很简陋，像一个浅筐，是用粗大的树枝编成，里面铺上许多羽毛等柔软材料；偶尔也有雄鹰筑巢的，雌鹰似乎不大放心，一直守候在旁边直至完工，有时雌鸟还会找来一些细枝、羽毛作内

衬，使巢更加完善。巢修筑好后，雌鸟开始产卵，每隔 3～4 天产 1 枚，卵的色泽因种类的不同而异常丰富。孵卵期间雌雄亲鸟分工比较明确，"母亲"孵卵，"父亲"负责捕食喂给由于孵卵而不便外出取食的"爱妻"。鹰的孵化期较长，雏鸟为晚成雏，身体很柔软，披绒羽，半睁着眼睛，需要亲鸟喂养几十天，甚至几个月的照顾哺育，教它们学习飞翔、捕食，这样才能够独立生活。

　　鹰类体羽大多黑褐色，上布斑纹，适于在空旷的田野上捕食，喜欢吃温血动物，尤其嗜食鼠类。有人对一种大型的鹰类——鵟的胃内食物进行调查分析，发现在 386 个胃内找出 1348 只老鼠，可见鹰类对于消灭森林害鼠、保护森林有多么重要的作用！

二·鸟界直升机——蜂鸟

世界上最小的鸟是蜂鸟，它身材娇小，大小和黄蜂相似，飞行时还会发出嗡嗡的叫声，而得名蜂鸟。不仅体型小，还有许多有趣的行为，鸟类学家经过上百年的探索和研究，才对它有了大致的了解。

也许你现在急着要问，如此小的鸟我为什么没有见过？原来这种袖珍型的鸟只分布在美洲大陆，是那里的特产鸟类，在中国是见不到这种鸟的。蜂鸟的种类很多，有 355 种之多，大都是很小的鸟，最大的一种叫燕尾旗蜂鸟，全长约 24 厘米，虽然它的两根长尾就占据了 16 厘米，但已经是蜂鸟中的"巨人"了；最小的一种是古巴蜂鸟，全长只有 6 厘米，体重不过两克。

不要以为蜂鸟这样小就飞不快，飞不远，其实它具有高超的飞行本领，不仅飞得快，飞得远，而且还会飞行特技表演。一只体长仅有 8 厘米的红喉蜂鸟，能以 50 千米的时速一口气飞跃 800 千米的墨西哥湾。可是经过这一次飞行，它的体重要减少 2/5，可见能量消耗是相当大的。

蜂鸟的飞行绝技是既可以向前飞，又能向后飞，还能像直升机一样悬空停住，仿佛站立在一个无形的支柱上，有时会让人误认为是一个没有翅膀的小虫子吊在空中。蜂鸟怎么会有这种飞行的绝技呢？原来蜂鸟的双翼与多数

鸟类的不同，整个翅膀的关节几乎是挺直而且不能活动，有一个转轴关节和肩膀相连，在定身时，它用双翼前后划动，向前划动时，翼缘稍稍倾斜，就产生了升力，而没有冲力。这样，蜂鸟前后扇动翅膀，就能悬空定身了。蜂鸟飞翔技艺的

精湛和高超，在鸟类中是无与伦比的。蜂鸟凭着悬空技艺，才能像蜜蜂似的停在花上，用细长的尖嘴，将圆而长的舌头伸进花的深处舔食花蜜。悬空吸蜜时，它的翅膀不停地扇动着，每分钟扇动达 50 次以上。

　　蜂鸟虽然很小，但食量却很大，每天吃的食物量相当于体重或更多，因为蜂鸟活动十分活跃、频繁，新陈代谢也十分旺盛，蜂鸟的消化器官能高效率地从花蜜中提取糖分，并从中吸取 95% 的糖分，极少浪费。蜂鸟的体温可达 43℃，比其他鸟类都高。心跳跳动快速，每分钟 500～600 次，活动时每分钟达 1000 多次。蜂鸟的嘴型也是多种多样的，有的嘴长长的，可伸到花筒较长花的深处探食花蜜；有的嘴呈弓形或镰刀型弯曲，这样即使花朵是转弯的也能采到花蜜。舌头像一个小泵，能快速高效地把花蜜转移至口中。蜂鸟除吃花蜜外，也捕食小型的昆虫。

　　蜂鸟穿梭于百花丛中，速度之快，如同花丛中的"流星"。身体羽毛大多为蓝色、绿色，但会呈现出红、黄、蓝、白、黑、紫和青七种颜色，并构成多彩的图案，而且具有金属光泽，在阳

光下熠熠发光，所以又有"飞行的金刚石"的美称。蜂鸟不仅色彩美丽，有的羽型也十分奇异，一种盔形帽蜂鸟，头上羽冠长得像顶盔帽；球拍状长尾蜂鸟的两支长尾羽，顶端就像两栖羽毛球拍。蜂鸟在花丛中飞行的同时，身上携带着花粉，从一朵花飞到另一朵花，为植物传授了花粉。

蜂鸟尽管个体很小，脑子却很发达，脑容量相当于体重的1/3，所以蜂鸟非常机智，勇猛善斗。据说面对一种比自身大几十倍甚至几百倍的山鹰，蜂鸟都毫不惧怕，敢于用它那钢针般的尖嘴，看准山鹰的眼睛猛啄，山鹰往往败在这个"小家伙"的嘴下。也正因为蜂鸟有如此前赴后继、勇往直前、绝不后退的精神，所以特立尼达和多巴哥人民把蜂鸟定为国鸟，象征祖国的美丽和人民的勇敢。

蜂鸟平时都单独生活，只有在繁殖期间，雄鸟才炫耀美丽的羽毛，吸引雌鸟交配。蜂鸟多是"一夫多妻"，雄鸟只管交配，雌鸟交配后自己筑巢。蜂鸟的巢也是一件珍贵的工艺品，其用料考究，多为苔藓、蜘蛛网一类的细纤维编织而成，精细小巧，有的像半个鸡蛋壳，有的像一只小酒杯，挂在树枝上，很有特色。

蜂鸟卵是世界上最小的鸟卵，平均重量 0.4～1.4 克。

蜂鸟属蜂鸟目、蜂鸟科。我国云南、广西、广东及福建等地有一种类似蜂鸟的太阳鸟，体型小，身披多种漂亮颜色的体羽，但与蜂鸟的亲缘关系甚远，是雀形目、太阳鸟科的鸟类，被誉为"东方的蜂鸟"。

蜂鸟

体型小，体被鳞状羽，色彩鲜艳，并闪耀金属光泽，嘴细长而直，有的下曲，个别种类向上弯曲；舌伸缩自如；翅形狭长；尾尖，叉形或球拍形；脚短，趾细小而弱。

体型小，羽衣鲜艳，闪红、黄、蓝、绿等耀眼的光泽。主要靠花蜜为食。与蜂鸟不同，不是在飞翔中取食，而是停歇在花梗上进食。

太阳鸟

三 · 乘风破浪的信天翁

如果你去过太平洋海岸，你就会见到在蓝天和大海之间，有一种白色的大鸟在空中自由自在地翱翔，时而昂首直冲云霄，时而俯冲大海搏击海浪，它就是信天翁。

信天翁是大洋中一种典型的鸟类，是优秀的"飞行家"，一生大部分的时间都在海洋上度过，体长1米左右，体重有7～8千克，飞翔时双翼展开达3.5米，是翅展最长的鸟。全身羽毛呈雪白色，颈部略带浅黄色，仅翼尖和尾端是黑色。

信天翁这个航海家到了陆地上却如同刚刚学会走路的娃娃，显得笨拙不堪，摇摇摆摆，十分缓慢。

信天翁最为人们称道的是驾驭长风，借助风力滑翔的高超技巧，令人叹为观止。它能展开双翅，长时间停留在空中纹丝不动，可以几个小时也不扇动一下翅膀，听任劲风吹送，因此有滑翔健将之美称。

信天翁的飞翔和鹰类不同，不单纯是依靠气流上托的力量作静的翱翔，而是巧妙地利用海洋风力，乘风飘举；先飞到风速较高的上层风带，再张开弯刀般的双翼，顺风向下滑翔；当滑到水面时，又利用冲击海浪的风力，掠过海面，不须拍打双翅，乘势迎风腾升，毫不费力地在海面上回旋飞越。在滔天巨浪之上，1小时内可以横扫100多千米，又不时忽而冲上云天，忽而俯冲大海，堪称"风之骄子"。

巨大的太平洋风暴可以使航海家们胆战心惊，踌躇不前，但信天翁却毫无畏惧，乘风翱翔，得意扬扬，相反它们却最怕风平浪静，因为在这样的天气里，就无法施展自己高超的滑翔技术，甚至很难飞起来了。

信天翁趾间有蹼，善游泳。食物主要是水生动物，尤其是死鱼、乌贼，不过信天翁最喜欢的食物是从船上扔到海里的动物内脏和一些可食的有机垃圾，所以它们总是很有耐心地跟在船的屁股后面，总是和船只"行"影不离。船走得慢时，只需用一个金属倒钩装上食饵，就能像钓鱼一样轻而易举地将它吊上船来。

　　信天翁以海为家，大部分时间都在海上遨游。然而，夏季来临时，它们就不约而同地飞到小岛上去产卵了。在选定的岛屿上，成年信天翁纷纷而至，它们扇动美丽的翅膀翩然起舞，同时发出"咯咯、咯咯"的叫声。经过"腼腆"的"求婚仪式"，一对信天翁便成了"亲"，"新房"很简单，有的种类根本不筑巢，大部分种类筑一土坑，衬以羽毛和草；雌鸟在巢中产下1枚白色的卵，由"年轻的夫妇"轮流孵化，孵化期较长近80天。当小鸟破壳而出后，父母精心地照料与抚养。出生后的小信天翁身披淡黄色绒羽，很可爱，随后长出一圈卷曲的绒毛，最后才换上漂亮的白色羽毛。当幼鸟被养得肥肥胖胖而又结实时，双亲就各自离去了，留下的幼鸟靠消耗体内储存的脂肪过冬，并逐渐长大，学会飞翔，开始它搏击海浪的新生活。

　　信天翁属于鹱形目、信天翁科，有2属14种，大多生活于南半球。见于我国海域的信天翁有1属3种——黑背信天翁、黑

脚信天翁和短尾信天翁。其中，短尾信天翁通常居留在北太平洋和亚洲的西太平洋一带，冬季活动于我国沿海各地，被我国列为国家一级保护动物。

我国海域的信天翁

黑脚信天翁　　　　　　　短尾信天翁

（四）· 追逐轮船的海鸥

如果你到海上去旅行，尤其在夕阳西下的时候，一定会看到一群群的海鸟，追逐着轮船，在落日的余晖下，互相追逐嬉戏，海鸟、落日构成一幅美丽的图画，这群海鸟就是海鸥。

海鸥是渔民和海员们最熟悉不过的鸟类了，它是海员们在漫长而孤寂的航海旅途中最友好的伴侣。它不畏汹涌的波涛海

浪，勇往直前；它能穿过浓云密雾，准确地找到港口，为迷失方向的航船指路。海鸥还能充当海员和渔民们的天气预报员，每当暴风雨来临之际，它便飞回海滨，成群地栖息在堤岸上，看到这种情形，渔民们就做好了迎接暴风雨的准备。难怪自古至今都有文人墨客讴歌海鸥的诗篇，许多商人也偏爱海鸥，许多商品都以海鸥作为商标。

海鸥为什么喜欢时常追逐轮船呢？原来海鸥是利用轮船尾气的上升气流，可以毫不费力地顺风滑翔，又能够轻而易举地捞食随着水花翻起的食物，也能捡拾到船上人们抛弃的食品，海鸥自然而然地就承担着清洁海水、海滨的义务，因此人们送他一个雅号"海洋义务清洁工"。

海鸥喜欢结群生活，它那银白色的体色，在碧蓝的大海中随波逐浪，上下翻滚地翱翔，蔚为壮观。海鸥的翅膀狭长，体型较瘦，很善于飞翔，常常活动在有鱼群的海洋上方，利用风力盘旋在空中，找准机会便飘然而下，追击鱼群；海鸥的脚上生有蹼膜，善于游泳，能在海水中灵巧地猎捕海洋动物。

它们不但喜欢吃海洋中的各种鱼类和软体动物，而且在田野和林地，还捕食大量蝗虫、步行虫、叩头虫等昆虫和一些小型的啮齿类。据统计，1200只成年海鸥群在巢区附近3.5个月能消灭田鼠、姬属等小型啮齿类动物25万只，也就是说海鸥还是捕鼠能手呢！

海鸥属于鸥形目、鸥科家族，它并不是海的专利品，有很多种类分布在内陆，如我国内蒙古、青海等淡水河流和湖泊中就有成百上千的海鸥在那里繁殖，还有的海鸥生活在田野森林和沼泽地带。

海鸥在海边或者在河流沿岸集群繁殖，互相倾慕并结成配偶的雌雄海鸥以各种草、细枝搭成浅盘状的巢，巢深只有2～5cm，雌海鸥在简陋的巢中产下2～4枚卵，卵的颜色变化很大，从淡褐色到淡青色，因种类不同而各异，卵的表面还布有深褐色的斑点和细纹。

海鸥因为生活环境和飞行方式不同，翅膀和尾羽变化很大。内陆生活的海鸥很像鸽子，尾羽是"平尾"，而远洋生活的海鸥尾像燕子一样，呈叉形尾，叫燕鸥，俗称海燕。海鸥中还有臭名远扬的贼鸥，它们经常偷取其他海鸟的蛋吃，是鸟类中的"窃贼"。

燕鸥中最著名的要数北极燕鸥了，它极善飞翔，在迁徙中从南极洲飞到遥远的北极地区，几乎跨越了整个地球，行程约17600千米，是迁飞距离最长的候鸟。

燕鸥

五 · 翻滚飞行特技师——佛法僧

佛法僧英名是 Roller，意思是翻滚者，是取之于它们奇特的求偶飞行行为。在婚配的季节，雄鸟异常兴奋，有时翻滚飞行，急剧下坠，有时在空中旋转，以种种飞翔特技来博取异性的垂青，向雌鸟示爱。

佛法僧也叫三宝鸟，属佛法僧目、佛法僧科。它身披蓝绿色羽衣，翅上有明显的淡色块斑；嘴红色，很鲜艳，比较宽阔，双脚短弱，呈鲜红色，远远望去，鲜艳而漂亮。

佛法僧是林栖鸟类，经常在林间或森林边缘的开阔地带活动，找寻食物，尤其是它常常站在枯枝顶端，一看到空中有飞虫，便直飞捕捉，有时也在地面上找食，或翱翔于空中捕虫。它的飞行很有特点，飞行速度很快，而且翅上的白斑很显眼，飞行中左右颠簸不定，忽而翻转直上，忽而身躯直下，活像一个空中飞行特技师。

5～7月是它们"结婚育子"的季节，雄鸟以高超的飞行技术吸引雌鸟前来与它"成婚"；"成婚"后的"夫妇俩"很懒惰，只选一棵大树的树洞作为它们的"家"，铺上一些树皮、叶片，巢"内装修"即告一段落；更有甚者，有的"夫妇"或利用鸦类的旧巢，或蛮横地抢占喜鹊的巢，在这种争巢战中，一般以佛法僧胜利而告终。

"家"布置好后，雌鸟开始产卵，一般每

巢产 2～4 枚卵，卵圆形，白色无斑点，雌雄亲鸟轮流尽心地孵卵，等待"宝宝"的出世；18～19 天雏鸟出壳了，双亲忙碌地喂养小雏，一段时间之后幼鸟就可以独立生活了。

佛法僧的食物为动物性食物，主要是昆虫，以鞘翅目的金花虫、天牛居多，也食一些鳞翅目、膜翅目、半翅目的昆虫，"酒足饭饱"后，常将无法消化的昆虫的嘴、足及翅等吐出口外，称得上是名副其实的农林益鸟，深受山区人民的喜爱。

佛法僧的鸣声也极为特殊，单调又粗粝，似嘎、嘎声，尤其是起飞或与其他鸟争斗时，连连急鸣，听起来不算悦耳，但令人听后难忘。

佛法僧这个名字来源于日语。人们误以为这种鸟鸣叫像日语里的"佛法僧"发音，就以此定名了。当人们意识到时只好将错就错了。佛法僧在我国是候鸟，北到东北三省，西至甘肃、宁夏贺兰山，南到福建、广东、广西、海南、云南、台湾等地，都有它的踪迹。

（六）·飞越撒哈拉沙漠的白鹳

每年许多鸟类都在春去秋来或者春来秋往的迁徙中忙碌着，有的飞越高山，有的远渡重洋，它们要连续不断地飞行很远的距离，还要忍饥挨饿，旅途的艰辛是不难想象的，就拿白鹳来说吧，它春天在欧洲大陆婚配繁衍后代，到了秋季，才得以充沛的体力飞越崇山峻岭，途经地中海，甚至跨越整个撒哈拉大沙漠，直到南非的好望角，度过寒冷的冬天，飞行时间达 3 个月之久。

白鹳是一种大型涉禽，一般喜欢生活在有树木的开阔沼泽区域，白天在沼泽浅水里觅食，夜晚在较大的树上栖宿，觅食时有时会用"守株待兔"的方式，呆呆地站在水边等待食物上钩；有时也追捕猎物，它的食物很多，主要是鱼类、软体动物，也吃大型的水生昆虫、蛙类，偶尔也捕食小型鼠类、雏鸟和蝗虫。

每年 3～7 月是白鹳结婚、生儿育女的季节，它们陆续迁飞到繁殖地，忙碌着求偶、婚配、筑巢和育子。这个时期，它们还有一个"怪癖"，常将头颈翻向身后，拼命地打动着上下嘴，发出"哒……哒……"的响亮的"敲梆子"声音。

白鹳的巢一般筑在水域附近的高树上，雌雄亲鸟叼来枯枝架好，窝内再铺些干草，共同筑起了"爱"的小窝，巢很大，高和宽都超过 1 米，白鹳也喜欢沿用"旧居"，只是在产卵前稍加修整，就成了它们温馨的"新家"，因此巢一年比一年高大。

白鹳通常在 4 月中旬开始产卵，每窝产 4～5 枚卵，卵壳白色，椭圆形，雌雄亲鸟密切合作，共同孵化，抚育后代，但以雌鹳为主。经过 32 天的劳累和辛苦，小雏鹳出壳了，二位亲鸟共同哺育约一个半月，幼鹳就长得与他的爸爸妈妈差不多大小了。

白鹳是鹳形目、鹳科的鸟类，它们身材高大，全身羽毛几乎全是白色，翅膀宽而长，翅端缀以黑色，嘴长长的，强健而有力，

可以凿开贝壳类的硬壳，裸露的腿长而秀美，呈暗红色。白鹳性情文静，爱结成小群或单独活动，休息时常一只腿站立，一只蜷缩休息；颈部缩成"S"形，飞行时头颈和脚前后伸直呈一条线，在空中翱翔；而步行时则是举止缓慢，悠然自得。

　　白鹳体态优美，雍容大方，性情也温和，深受欧洲人民的喜爱，他们对白鹳很友好，曾经被德国人定为国鸟。由于环境条件的变化，白鹳自然种群数量减少，已成为世界级的珍禽，尤其东方白鹳已被列为国际保护鸟，在我国是国家一级保护鸟类。

鸟名	特征	分布	其他
东方白鹳	体型较大，嘴色黑	分布在我国的新疆、东北地区，迁徙时经沿海各省飞到台湾、福建和广东等地过冬	我国一类保护鸟
欧洲白鹳	体型较小，嘴鲜红色	繁殖在欧洲，迁徙到非洲越冬，喜欢在岩洞、建筑物或烟囱上筑巢	德国国鸟

七·列队迁飞的大雁

当北方大地冰雪覆盖时，一些鸟类会飞往温暖的南方；当冰雪消融时又会飞回北方；有些鸟则恰恰相反，白雪皑皑的冬天飞来，湿热的夏天便飞向更远的北方。鸟类的这种随季节的变化而改变居住地的习性，叫作迁徙，具有这种迁徙习性的鸟被称为候鸟；当然还有一些鸟终年留居在某一地区，像大家熟悉的麻雀、喜鹊等，我们称它为留鸟。

候鸟迁徙时，常常要飞行很远很远的路程，有时飞越高山，有时远渡重洋。有趣的是，它们大多数沿地球的南北经向迁飞，很少沿东西纬向迁徙，而且每一种候鸟都有它们固定的迁徙路线。当然，遥远路途的迁徙是十分艰辛的，一些体质较差的鸟会在迁徙中被淘汰。

候鸟有夏候鸟、旅鸟和冬候鸟之分。比如大雁，它在我国是冬候鸟，因为它每年的秋季从西伯利亚飞经我国北方，最后到达我国的南方福建、广东沿海等地过冬，翌年春天又飞回西伯利亚繁殖后代。

在《吕氏春秋》中有"孟春之月雁北，孟秋之月鸿雁来"的记载，就是描述鸿雁的迁徙习性，在迁飞时井然有序地列队呈"人"字形或"一"字形，飞在前边的大雁扇动几下翅膀，翅尖会产生一股微弱的上升气流，紧跟在后边的雁，可以借助前雁翅尖的这股上升的气流，减少前进飞行中的阻力。飞行中还不时发出"呀、

呀、呀"的清脆叫声，这既是驱散旅途劳累的歌声，又是互相联系的信号。

大雁春天飞回西伯利亚后便开始筑巢。巢很简单，只是在水边用水草或芦苇架成一个浅盆状，里面铺垫一些柔软的羽毛，雌雁就在这简陋的巢中产下 7 ～ 8 枚卵，经过 28 ～ 30 天的孵化，雏雁便出壳了。刚出壳不久的雏雁，即能在双亲的带领下开始学习游泳和取食。到了夏季，它们便能飞翔了。

夏季是雁群最危险的时候，因为这个时期正是雁的换羽期，

大雁的换羽很迅速，它赖以飞行的羽毛几乎同时脱落。这时，大雁在短时期内丧失了飞翔能力，因此这个时期它们常常集成几百甚至上千只的大群，隐藏到人迹罕至的岛屿、沿海等地区，一直到飞羽长出来，才重新飞上开阔碧蓝的天空。

人们常常说的大雁是鸿雁，

它是善于游泳和飞翔的较大型的水鸟，身体很像一只小船，背腹部扁平好像船底，一双带蹼的脚就像两只船桨，扁平的嘴有栉状的角质齿，尖端有嘴甲，利于切断植物的嫩叶和幼茎。鸿雁雌雄体色相似，以淡灰褐色为主，并有斑纹，下体近白色；雄雁嘴基部有较宽的白纹。

大雁属雁形目、鸭科。我国能见到9种，其中最常见的有鸿雁、豆雁、灰雁、斑头雁等。鸿雁是很著名的种类，也是我国家鹅的祖先。

八· 飞越喜马拉雅山的天鹅

"双翮凌长风，须臾万里逝。"这是赞美天鹅善于飞翔的诗句。天鹅是大家非常熟悉且喜爱的一种游禽，极善飞。一飞必冲天，经常翱翔在碧霄之上，与蓝天白云为友。春天，天鹅从南方北迁到蒙古、我国新疆和内蒙古等地繁殖。每当春夏时节，在我国青海、新疆、内蒙古和黑龙江等地的江河湖泊中，常常可以看见姿态优美的天鹅。秋天，天鹅在水草中脱下旧装，换上新羽，洁白美丽、娴静庄穆、神态奕奕，仿佛那身披轻纱的仙女。此时，它们开始成群结队地向着长江以南各地飞去，到南方过冬。天鹅不仅飞得快，而且飞得高，常常飞越万水千山，有飞越著名的喜马拉雅山的记录。洁白如玉的天鹅，极善飞翔，因此我国古代诗人把它视为志向高洁的象征，并以优美的诗句，托物言志来赞美天鹅。诗

圣杜甫曾以"举头向苍天，安得骑鸿鹄"的诗句，抒发自己高尚情怀；孟浩然也以"壮志吞鸿鹄"来形容志向高大。这里所讲的鸿鹄便是天鹅的代名词——古代人们称天鹅为鹄或鸿鹄。

　　天鹅羽毛洁白如雪，颈挺直而长，昂然玉立，在蓝天、碧水、绿草的映衬下，显得格外优美，再加上天鹅的举止凝重、安详、优雅，所以人们常把它视为美好、纯洁、善良的象征，并且将它的形象搬上舞台。著名的芭蕾舞剧《小天鹅》中，小天鹅伴随着优美动听的舞曲翩翩起舞，给人以美的享受；驰名世界的俄国古典芭蕾舞剧《天鹅湖》表现的就是一个美好、善良的爱情故事。

　　天鹅还有高超的游泳本领。在宽阔的湖面上，成群的天鹅在悠闲地游荡，像朵朵白絮随风漂流，一会儿把颈伸入水中，啄食植物、贝壳和鱼虾，一会儿扬翅跑向湖岸，怡然地啄理羽毛，一会儿又引颈长鸣。当它们伸展宽阔的双翼拍击水面滑行时，宛如一叶叶扁舟、一排排风帆。

天鹅喜欢群居，靠鸣叫建立彼此联络的信号。鸣声响亮，两声一度，先低后高，节奏感很强。平时栖息于湖泊或江河附近，在芦苇草丛中筑巢。巢由蒲苇的茎叶等搭成，外围松散，中央为嫩枝叶和苇叶，还铺有少量的绒毛。天鹅是相互恩爱的"一夫一妻"制，终生相伴，栖则雌雄相依，飞则雌雄比翼。

大天鹅
嘴基黄色过了鼻孔

小天鹅
嘴基黄色不到鼻孔

春天天鹅开始繁育后代，每窝产卵4～6枚，雌鸟负责孵卵，雄鸟则在附近水面警戒护卫。遇有危险时，雄鸟便发出信号，雌鸟立即落于水面，并同时用双脚和双翅划水，以加快速度，等游出一段距离，就珊珊飞向云霄。天鹅是早成性鸟，刚孵出的雏鸟，虽然还是全身绒毛，但因从母鸟腹部得到脂肪涂抹，所以能立即下水游泳。

天鹅是珍贵的飞禽，属雁形目、鸭科，现今世界上共有5种，见于我国的3种：大天鹅、小天鹅、疣鼻天鹅。

大天鹅
体羽均为白色，嘴基黄色过了鼻孔

小天鹅

体羽均为白色，嘴基黄色不到鼻孔

疣鼻天鹅

体羽均为白色，嘴甲红色，基部有黑色疣状突起

黑颈天鹅

头部和颈部黑色，嘴基部有红色的肉瘤

黑天鹅

全身黑色，嘴甲红色或橘红色

九·秋去眷归的家燕

　　风和日丽，桃红柳绿，生机勃勃的春天到了，燕子双双把家归。燕子是与人类关系密切的鸟，俗称家燕，形小似麻雀，头和上体乌黑发亮，喉部暗红，腹部白色，有剪刀似的叉尾，飞翔时体态

优美轻盈。每年春天，双双对对的燕子如梭似箭地从遥远的越冬地返回它们生长繁育的故乡。

繁殖期间，我们会看到家燕们一会儿到池塘边叼泥，一会儿到田野里衔草，忙忙碌碌地在农家的房梁上、屋檐下筑巢，积极为生儿育女做准备。屋檐下有燕巢的人家一向视为吉祥的象征，所以对燕巢、燕雏总是特别怜爱有加，常常怀着喜悦的心情，开门亮窗，希望能纳燕入户，迎接这春天的使者。

家燕秋去春来，是一种夏候鸟，我国人民对燕子重返故地、归巢习性的记载，有着悠久的历史。古人曾用"剪去燕爪"，或用布条和线绳扎在燕子脚上，即有谓"以楼系足"等方法了解燕子的迁徙规律，并且成为我国农业生产中农事活动的物候。

但是，古代人们并不了解燕子真正来自何方，于是就出现了燕子来自"鸟衣国"的传说。其实是没有"鸟衣国"的，家燕秋季是到印度半岛、南洋群岛和澳大利亚等地过冬去了。据科学家研究考证，家燕每年2月间开始向北方迁飞，最先到达我国广东；3月间先后到达福建、浙江和长江三角洲一带；四月间在山海关等地已经能够看到它们的踪迹了。

迁徙路线一般是沿海岸迁飞，再沿着河流深入内地，飞行大都在夜间进行，遇到月明风清的天气，飞得高而且快；白天降落地面，觅食和休息。家燕多数每年都能准确地找到故乡；有的竟然能连续四年返回旧巢，难怪每当家燕飞来时，人们总有一种"似曾相识"的亲切感。

家燕的羽色虽然不很华丽，但却有动听的歌喉。雄鸟以悦耳的鸣声，优美的姿态取悦于雌鸟，一旦钟情结为配偶，绝不再另求新欢，所以有"双飞燕"之比喻。

家燕的巢轻巧而结实，是用自己的唾液和泥土、草梗混合成泥丸一点点垒筑而成的。造巢非常辛苦，燕子每天不停地往返衔泥和草梗，需要一周的时间才能筑成。巢筑好后，家燕便开始繁育后代。家燕每窝产 4～5 枚卵，雌雄轮换孵卵，经过两个星期的抱孵，雏燕便破壳而出了。这时雌雄亲鸟共同精心喂养雏鸟，整天忙着穿梭在天空捕捉昆虫。雏鸟约 20 天后即可随亲鸟飞出巢外活动，几个月后才能独立生活，这时亲鸟便率领全家加入准备南迁的燕群。八九月份陆续向南迁飞，飞往越冬地。

家燕之所以博得人们的喜爱，不仅是体态轻盈，燕语喃喃，有"故乡情"。更重要的是，它们是著名的捕虫能手、农林益鸟。燕子捕捉昆虫的本领很独特，飞行中张开扁阔三角形的嘴，很像一个捕虫的小网兜，加上它飞行轻快迅速，一个个的昆虫便进入口中。据统计，一只燕子一个夏天吃掉的昆虫至少有几十万只，难怪有"燕子四野飞，五谷堆成堆"的农谚。

燕子不仅是个优秀的"植保员"，还是一个出色的"天气预报员"。众所周知，"燕子低飞要下雨"，这是因为气压变化和空气中含水量增加，昆虫低飞，燕子自然就相应贴着地面兜捕昆虫。家燕在分类学上属雀形目、燕科。奥地利人对燕子格外珍爱和崇敬，看作国家的象征，被定为奥地利的国鸟。

燕子家家入
杨花处处飞
孟浩然

➕ "海上马拉松"冠军——金鸻

　　每当北极圈短暂的夏季来临的时候，金鸻就在这里的草原或苔原上营巢，开始繁殖后代了。它们充分利用北极白天长的时期，获取更多、更丰富的昆虫、小虾养育它们的子女。

　　转眼，北极的夏天即将过去，这些长腿的金鸻开始携儿带女，踏上了遥远的征程。它们要由北极或我国的北方，迁往南美的阿根廷越过冬天。翌年，北方冬去春来，它们又会长途飞行，重返故乡。一来一往的距离竟有1万千米以上，让人们不得不承认金鸻是长途旅行家！金鸻不仅迁飞距离长，在迁徙途中还能以每小时90千米的速度不停地飞行35小时，越过2000多千米的海面，是连续飞行的最高纪录保持者，也被称为鸟类中的"海上马拉松"冠军。

金鸻是很著名的鸟，在我国北部即可见到它们的踪影，途经我国时常常 10 余只或三四十只成群，飞行中翅膀扇动很快，因此飞行速度也快。着陆取食时，在快接近地面的时候，螺旋式的降落，很是有趣。食物主要是昆虫和小螺。

春末是金鸻婚配的时节，雌雄亲鸟很亲昵，共同建造"爱"的小窝，通常将巢筑在河边或沙砾滩上。巢很简单，直接在沙土地上扒一个沙窝，里面也没有什么铺垫物，即使这样也要花费亲鸟 4～5 天的时间。金鸻每年只产一窝，每窝大致有 3～5 枚卵，孵卵的任务由雌鸟担任，雄鸟在一旁警戒。刚孵出的雏鸟为早成鸟，不久即能行走了。

金鸻属鸻形目、鸻科家族的鸟类。它的名字好听，长得也很美，羽衣深黑色，上体布满了金黄色斑点，颈部有一条长而宽的白色条纹伸向头颈侧，向下伸到胸侧；嘴短而硬，翼短而尖。嘴长腿长，属于涉禽，多活动在海滨及其附近的江河沿岸。觅食时，胆子很小，受到人或其他动物的追击时，先迟疑地停滞，而后迅速飞走，迫不得已时才整群飞走，边飞边发出叫声。金鸻的鸣声非常嘹亮，和谐而悦耳，爱在高空飞行中鸣啭；早晨和清晨时，它们也彼此对歌，歌声能传得很远很远。

第三章

天下奇鸟

一 · 不称职的"妈妈"——杜鹃

一句"世界上只有妈妈好"的歌词打动了无数孩子们，母爱是最慈祥最温柔的爱意；而鸟类中却有一种特殊的"母爱"，表面上无情无义，却是更巧妙地为种族延续做着贡献。展现另类的"母爱"的主人公就是杜鹃。"杜鹃妈妈"为宝宝寻觅到能够对它们温柔以待的"养母"，替自己孵育后代，当然它的孩子也无缘享受它的贴身照顾。

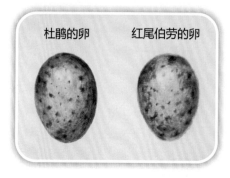

杜鹃的卵　　红尾伯劳的卵

一般情况下，鸟类产下卵后，要么妈妈爸爸轮换完成孵化和育雏，要么妈妈独自孵卵，或是仅由爸爸完成孵卵任务。而杜鹃鸟的习性很特殊，它性情孤僻，爱单独行动。即使在繁殖季节，也不像其他鸟类那样雌雄成双成对，卿卿我我；而是草草地"成婚"后，便分道扬镳，各忙各的了。杜鹃妈妈并不忙于衔枝筑巢，反而做起"侦探"，找寻适合哺育自己孩子的一些鸟类，比如尾莺、伯劳、黑卷尾。杜鹃妈妈会在它们的巢穴周围徘徊，物色自己中意的巢主，一旦选中，就趁主人不在巢中的机会，立即进入巢穴，迅速产下一枚卵；或是将卵产在地上，用嘴衔起，把卵偷偷送入巢中便飞走了。杜鹃的卵与尾莺、伯劳、黑卷尾等一些鸟的卵颜色、形状、大小、斑点很相近，令巢主不易察觉，待巢主飞回巢中，并未发现异常，就继续尽责地孵化带有杜鹃卵的一窝自己的鸟卵。

1天，2天……在巢主的精心孵化下，一窝鸟卵慢慢地发生着质的变化。杜鹃的卵胚胎发育最快，12天后，杜鹃鸟卵已近成熟，雏鸟用它大大的卵齿顶破卵壳破壳而出。破壳后小杜鹃要做的第一件事情就是在巢主妈妈不在的情况下，将巢中的小伙伴逐一推出巢外，以独自享受义亲的哺育。义亲似乎对此无动于衷，只剩下一个小宝宝也精心地喂养。小杜鹃发育得很快，义亲每天需要往返几十次才能填饱它的肚子。有趣的是，几天后小杜鹃甚至超越义亲的体格，义亲有时需要站在小杜鹃的背上填喂。

其实小杜鹃的亲妈妈也一直没有离开多远，像"监工"一样经常光顾产卵巢附近，查看巢主是否尽心孵化育雏，有时还会使计催促义亲喂养自己的孩子。可怜的义亲白忙乎了这一季，没有了自己的后代，喂养着杀害自己孩子的"凶手"。

杜鹃这种不筑巢、不孵卵、不育雏，偷偷将卵产在别鸟巢中，让他鸟养育后代的现象，在动物学上称为"巢寄生"。这种现象在鸟类中并不普遍，也并非所有杜鹃都是营巢寄生繁殖。

杜鹃在分类学上属于鹃形目、杜鹃科的成员。我国有17种，大多为夏候鸟，夏天飞到我国产卵，秋季南飞到印度、马来半岛等地度过寒冷的冬天。鹃形目的鸟类常见的是大杜鹃，体形很像猛禽，与鸽子大小相近，嘴细而有微小弯曲；背部暗灰色，腹部白色，有许多细的横纹，尾羽黑色，端部有白斑。杜鹃常常生活在开阔地带的树林中，特别是有水的林间。在树枝上休息时，翅膀下伸，尾巴翘起，喜欢鸣叫，尤其是春播时期，叫声是有节奏的"布谷——布谷"，如同催促人们快去春耕，人们也称它布谷鸟、春天的使者。

杜鹃最爱吃浑身长毛、令许多鸟儿望而生畏的松毛虫，是出色的捕虫能手。暗灰色的羽毛颜色可以很好地自我保护隐藏在林

中，只闻其声不谋其面。繁殖方式虽然有些"可恶"，损害了一些鸟类繁殖自己的后代，但因其能勇敢地对付松毛虫，对保护森林和农作物有着重要作用。

传说故事

杜鹃有"子规鸟"之称。相传商朝时蜀王杜宇，号望帝，在位时蜀国经常闹水灾。望帝想尽各种方法来治理水灾，始终不能根除水患。蜀国的宰相鳖灵在治水上显示出过人的才干。他带领民众治理洪水，打通了巫山，使水流从蜀国流到长江。水患得到解除，蜀国人民又可以安居乐业了。鳖灵在治水上立下了汗马功劳，杜宇十分感谢，便自愿把王位禅让给鳖灵。鳖灵接受了禅让，号称开明帝。不久望帝病死，灵魂化成了杜鹃，每到清明、谷雨、立夏、小满，就飞到田间一声声地鸣叫，催春降福。

二· "自斟自饮"的乌鸦

《乌鸦喝水》选自《伊索寓言》中的一个寓言故事，讲述了一只乌鸦口渴了，发现不远处有一个水瓶，水瓶里的水太少了，乌鸦用尽各种办法：猛烈撞击水瓶、石子砸水瓶，最后将一块一块石子投入水瓶，水位升高喝到了水。故事告诉人们，遇到困难的时候，要善于思考，动脑筋，再困难的事情也会迎刃而解。

乌鸦是雀形目、鸦科的鸟类，几乎全球都有分布。它有一身黑色的羽毛，上体带有光泽，下体稍暗淡，嘴粗壮，叫声凄厉单调。我国境内有乌鸦8种，北京地区能见到5种——大嘴乌鸦、小嘴乌鸦、秃鼻乌鸦、白腹寒鸦和白颈鸦，但目前白颈鸦已很少见到。

常见的这些乌鸦全身羽毛黑色，渲染一些紫色、绿蓝色或蓝黑色的金属光泽。秃鼻乌鸦、小嘴乌鸦和大嘴乌鸦经常混合结群活动，它们大多和平相处，互不争斗，尤其在冬天结成几十以至几百只的大群，早出晚归，在高大的乔木顶端栖息。

乌鸦大多生活在郊野农村，常常呱呱、哇哇叫个不停，春播、秋收时会吃掉一些谷物，在昆虫繁殖时期，主要吃一些蝼蛄、蝗

虫等有害昆虫。乌鸦常常在垃圾旁觅食，啄食动物腐尸，因此对生态平衡有积极的作用。乌鸦机敏、狡猾而大胆，能和人类融洽相处，常跟在人的身后在田里活动，并保持一定距离，一旦有情况就一哄而散，远走高飞。

乌鸦是终生一夫一妻制。求偶炫耀比较复杂，伴有杂技式的飞行。雌雄共同筑巢，巢筑于高大的树顶上，呈盆状，以粗枝编成，枝条间用泥土加固，内壁衬以细枝、草茎、棉麻纤维、兽毛、羽毛等；每窝产卵 5～7 枚。卵灰绿色，布有褐色、灰色细斑。雌鸟孵卵，孵化期 16～20 天。雏鸟为晚成性，亲鸟饲喂 1 个月左右才能独立活动。

乌鸦鸣声粗粝单调，在深秋的夜晚配以凄厉鸣叫的情景，引发了我国诗人们悲秋的情绪："枯藤老树昏鸦，小桥流水人家，古道西风瘦马。夕阳西下，断肠人在天涯。"诗人借用老树昏鸦，寥寥数语，便勾勒出一幅秋天萧瑟凄凉的画面。乌鸦夜宿前喜绕树低飞，边飞边低鸣。"月落乌啼霜满天，江枫渔火对愁眠。""独鹤归何晚，昏鸦已满林。"唐朝诗人张继、杜甫就淋漓尽致地记述了乌鸦夜宿前选择栖息场所的情境。

乌鸦是北京地区的留鸟，一般生活在郊区，在那里取食繁衍。随着城市温室效应的不断变化与影响，越来越多的乌鸦冬季搬到城市躲避寒冷的长夜，白天再飞回郊区觅食。据北京市西城区青少年科学技术馆学员观察发现，北京的乌鸦在每年霜降前一周来城市夜宿越冬，清明后一周内，若气候稳定，就结束了越冬夜宿的漂移。天气的变冷、日落时间的提前，乌鸦群体的数量也在不断增多；遇大风降温等恶劣的天气，鸦群会早早地进城，第二天很晚才迁出。乌鸦的迁移与日照也有

关：沙尘暴、扬沙天气遮挡了不少的光线，日照略显不足，影响迁飞的时间。大风降温天气或突然起风时，大群的乌鸦在风中乱飞，久久不能平静，直至日落后才各自找到居所。

人们从《乌鸦喝水》中认识的乌鸦，是智慧聪明的化身。欧洲鸟类学家把乌鸦列为最进化的鸟，也是鸟类中智能较高的鸟。曾经有人见过乌鸦会集体为同类水葬，那些地方的民间常将乌鸦视为神鸟。而在我国，乌鸦被称为老鸹，一直以来对乌鸦有着各种误解，什么"乌鸦叫、祸来到"，把它当成"不祥之鸟"这种说法其实并没有科学依据。由于乌鸦喜食死尸和垃圾，为人类生活环境的维护起到一定的作用。

大嘴乌鸦		嘴角粗大	体型略大
小嘴乌鸦	全身黑色	嘴角细直	体型略小
秃鼻乌鸦		鼻孔处不被羽毛遮盖	
白颈鸦	黑白相间	颈部有一圈白	体型大
白腹寒鸦		颈部一圈白直达到腹部	体型小

三 · 会制造食品袋的犀鸟

奇特的犀鸟，栖息在热带雨林中。它头上长有一个角质盔突，像是头上戴着盔甲，与大嘴相连，颇似犀牛的角，因此称"犀鸟"。

犀鸟是大型林栖鸟类，居住在密林深处的参天古树上，周围是崇山峻岭，地下有湍急的溪流，气候温暖多雨；犀鸟喜欢摘取树上的浆果和水果吃，用嘴掐下后，先抛向空中，而后接取吞下。

犀鸟的飞行非常有趣，常 5～6 只一群在空中长时间飞行，因其体型较大，飞起来显得笨重而吃力。犀鸟的飞翔姿态也很特殊，先上下挥动几下翅膀，再向前振动一下，以推动身体前进，就像船前进的摇橹一样。飞翔时的振翅声音很大，人们在很远的地方就能断定是犀鸟飞来了。它的鸣声很特别，响亮而粗粝，好像犬吠、马嘶一般，令人不堪入耳。

犀鸟最奇特之处在于它的繁殖行为，是鸟类中罕见的。4～5 月是犀鸟的繁殖季节，它们选好配偶后，就一起去选择营巢地了——在林中找寻到高大树木的枯洞，距地面 16～33 米高。当然这树洞并不是犀鸟自己琢成的，而是树木本身腐烂或被白蚁侵袭而成的。

不久犀鸟"夫妇"就认真地把洞底垫好枯木屑，再铺上些自己的羽毛，舒适的巢大体算是筑好了；雌鸟开始在巢中产卵，每窝产 2～4 枚。产卵后，为安全起见，"夫妇"俩开始营造封闭式洞巢工程——雌鸟在洞内，雄鸟在洞外，通力合作，用一种类似胶状的胃内分泌物，黏合一些吃剩的果实和种子，渐渐地把洞封起来。雌鸟被关在洞中，专营孵卵一事，洞只留一个孔，让"妻子"能把嘴伸出，接受雄鸟送来的食物；此后雄鸟就忙碌起来，因为它在洞外，不仅要寻找食物供自己吃饱，还要担负起"妻子"和刚出生的雏鸟的温饱任务。

雄犀鸟到处奔波觅食，为了雌鸟接受方便，雄鸟能从自己的腺胃中脱下一层壁膜，形成一个"食物袋"，把储藏的水果、浆果和小动物包起来，来到洞口，"丈夫"将装着食物的"食品袋"喂给自己心爱的"妻子"。从产卵、孵化到雏鸟出生直至长出羽毛，大约需要 2 个月的时间，雌鸟与幼鸟被养得壮壮实实，但雄鸟却变得憔悴不堪了。

雏鸟长出羽毛后不久，"妈妈"就开始用嘴剥去一些洞口周围的封闭物，自己先飞出来，再把洞口修好，把雏鸟留在洞中，便跟着雄鸟轮流喂养"孩子"。这种奇妙的孵卵、育雏方式，能很好地保护犀鸟宝宝不受蛇类、野兽的侵害。当小犀鸟逐渐长大、羽毛丰满时，双亲便将巢洞的封闭物啄开，全家团聚，开始了新的生活。

犀鸟属佛法僧目、犀鸟科，它的嘴硕大无比，几乎占身体的1/3，所以当地人叫它大嘴鸟。犀鸟在飞行时先鼓动双翅滑行，然后头顶向前伸直，两翅平展，姿态很像一架小飞机，因此在广西有"飞机鸟"之称。又因雌雄犀鸟之间有着深厚的感情，特别在繁殖期互相体贴，又有"钟情鸟""多情鸟"的民间俗名。

犀鸟种类很多，大多数分布在印度、越南、老挝、泰国和南洋群岛一带。在我国，主要分布在云南南部西双版纳、广西南部。常见的有3种：双角犀鸟、斑犀鸟、无盔犀鸟。

双角犀鸟	斑犀鸟	无盔犀鸟
头盔宽阔，上面微凹，前端呈双角状	盔突前端突起，具有黑色块斑	无头盔，仅在嘴基部有几条斜棱，颈部、胸部棕色

（四）·与人类关系最密切的鸟——麻雀

麻雀生活在现代都市中，每天疾飞于纵横交错的柏油马路上空，穿梭在林立的高楼大厦之间。清晨，叽叽喳喳地唤醒沉睡的人们，黄昏又在一片竹林中叽叽喳喳地"麻雀闹林"，与人类近距离地相依相守，欢快地独享其乐。

麻雀是我国最常见、分布最广的鸟类。鉴于它的"普适性"，各地人们给它起了很多不同的名字：家雀、老家贼、只只、嘉宾、

照夜、麻谷、霍雀、南麻雀、禾雀、宾雀、户巴拉，等等。雌雄同色，喜群居，种群生命力极强。

　　麻雀属于小型鸟类，一般上体呈棕、黑色的斑杂状，因而俗称麻雀。常见种类是树麻雀，头顶栗褐色，头侧耳和喉部都具有明显的黑斑，相似种家麻雀、山麻雀颊部均无黑斑。原来集群生活于树上，由于人类盖楼、砍树等活动的干扰，其生活和繁殖习性也随之发生变化，以适应自己的生活空间，最终进化成为最适应人类的鸟，与人类为伴。

　　20 世纪 50 年代末期，在我国麻雀成为人人喊打的"四害"之一，"全民打麻雀运动"曾让北京上空"鸦雀无声"。当时的这个运动源于一个"中国科学院动物研究室的试验"，研究称"一

只麻雀一年约吃谷子三升，全国被麻雀吃掉和损坏的粮食数量不比老鼠少。"1958年4月19日清晨5时，北京市统一行动，有弹弓打的，有摇旗呐喊的，有敲盆击桶的，一时间伴随着阵阵的口号声、咆哮声、锣鼓声、敲盆击桶声、爆竹声、汽车鸣笛声……此起彼伏，不绝于耳。麻雀没有任何栖息藏身之处，来回乱飞，无论飞到何处都不能落脚，最后累得精疲力竭，掉在地上摔死了。1960年4月6日，在第二届全国人民代表大会第二次会议上，终于为麻雀"平反"。麻雀的生命力也极其顽强，慢慢地又回到了我们中间。

麻雀属雀形目、文鸟科，每年能繁殖2～3窝，每窝产蛋4～6枚，常筑巢在屋檐下甚至楼房的窗前檐下，给单调的城市生活平添一些乐趣。麻雀性情活泼、机智灵巧，常常生活在人类聚集的地方，以人类的一些粮食为食，对人类农业生产造成一定的影响；而在育雏期间几乎全部以昆虫饲喂幼雏，又保护了农作物，作为生态系统中的一个成员，一直处于亦褒亦贬的纷纭中。

（五）· 会发出笑声的笑鸧

世界之大，无奇不有，你能相信鸟能像人一样哈哈大笑吗？现实中却有这样真实的例子。当你独自走在澳大利亚的森林中，突然听到周围有很特别的笑声，仔细琢磨起来，颇有点儿像人类带有嘲讽意味的笑。看看周围似乎又没发现有人。声音开始很轻、很低微，接着声音逐渐升高，变得洪

亮起来，如此连续半分多钟。接着四周笑声此起彼伏，一呼百应，连绵不绝——置身其中，你的感受会是如何呢？

这就是生活在澳大利亚东部森林里的一种珍奇的鸟类，它能发出一种类似人的哈哈大笑声，因其鸣声似人类笑声而得名笑鸫，是澳大利亚的标志性鸟类之一，当地人也称它为"笑鸟""笑翠鸟"。曾经是悉尼奥运会上的吉祥物。

笑鸫是翠鸟科的一种食鱼鸟类，体长42～46厘米，体重500克，在翠鸟家族中体形较大。它有一个白色的大脑袋，头顶有小棕帽，喙大而有力。上身灰褐色，胸腹部白色，尾较长，腿短灰色。雄鸟翅膀有蓝色以做识别。

笑鸫生活在热带森林中，也时常出没在河边，每年7～8月是繁殖季节。笑鸫一生只找一个伴侣，它们自己不筑巢，而是选择自然枯树的空洞，雌鸟在密林中乔木高处的树洞里产下2～4枚白色卵，孵化期

约25天，双亲共同抚养幼鸟2个月左右，往年出生的幼鸟们通常和亲鸟住在一起。笑鸫喜欢群居生活，每群由1～5个家庭组成，成员包括几对父母及它们的两代子女。

笑鸫的领地观念很强，它们整年都保护自己的领域，如果有外敌侵犯，它们会倾巢而出攻击入侵者，甚至敢于对付苍鹰等猛禽。因为笑鸫的鸣叫在凌晨或日落时可以听到，故有"林中居民的时钟"之称。

笑鸫为林地留鸟。但它并不像其他大多数种类的翠鸟那样仅靠捕鱼为生，除了捕鱼以外还捕食老鼠、青蛙、蜥蜴、小龙虾、蜗牛和昆虫，最大的特点是能够捕食毒蛇等比自身大得多的爬行

动物，以能捕捉蛇类而著称，其捕蛇的能力非常高超，一只成年的笑鸫可以轻易击杀响尾蛇、太攀蛇等大型蛇类，还会集群攻击体型更大的伞蜥。

笑鸫不害怕人类，经常在人烟稠密的地区活动，而且胆大贪婪，吃完人们给它的食物后会赖着不走，停在原地"嘎嘎"傻笑，喂食者走开它就跟着飞，直到吃饱了才慢腾腾地飞走。而且它还很聪明，旱季时澳大利亚的主要树种——桉树因为含油量较高经常会引发大范围的火灾，笑鸫会跟在火苗后面不远的地方惬意地捡拾烧死、烧伤和受惊的猎物。

笑鸫鸣叫的时候会摆出一副盛气凌人的模样，眼睛不停地转动，好像在寻开心似的。据当地人说，有时好像对你欢欢喜喜地笑，有时又好像在嘲弄讽刺你，让你心神不定。

笑鸫属于佛法僧目、翠鸟科，与我国常见的翠鸟属于一类，主要生活在林区，而且是捕食蛇和猎杀鼠类的能手。澳大利亚的热带雨林中蛇很多，笑鸫捕蛇、杀鼠无疑给当地人带来了很多的好处，因而颇受当地人的喜爱和保护。当地人与笑鴗友好相处，从不随意捕杀它们，所以笑鴗也不怕人，还常常与人擦肩而过。

鸟类中能够发出类似人的笑声的鸟除笑鴗外，还有森林里的大角鸮、林鸮和海上的黑头鸥，这些鸟类在我国往往被人们误解，认为是不吉利的。同样是鸟的本能的鸣叫声，由于人们不同的理解决定了鸟类的不同命运，值得我们深思！

六 · 奇特的巨嘴鸟

世界之大，无奇不有。当漫步在南美洲热带丛林中，幸运的话你会见到这样一种美丽的鸟，身披世间所有惊艳美丽的颜色，拥有又大又长的嘴，嘴长占到体长的 1/3，甚至一半。人们不免要惊奇万分，感叹自然的鬼斧神工。如此神奇的大鸟，就是南美洲热带特产——巨嘴鸟。

巨嘴鸟全长最大的可达 60 厘米，除去尾羽长度，它的嘴长约等于身体的一半，所以叫作巨嘴鸟。嘴的形状也很特殊，宛如一把大镰刀，不仅大，而且色彩鲜艳，上半部黄色略带淡绿，下半部是蔚蓝色，嘴尖则为殷红色。巨嘴鸟的体色也十分艳丽，眼睛四周有一圈天蓝色的羽毛，背部黑色，胸部橙色，腹部黄色，远远望去简直就像一幅七彩图。

你大概会有这样的疑虑，巨嘴鸟的大嘴跟身躯的比例大小如此不相称，会不会给它的活动带来麻烦呢？这你

不必担心，因为巨嘴鸟的嘴构造很特别，虽然体积很大，但并不重，嘴的外层是一层很薄的角质壳，中间充满多孔的海绵状骨质组织，内含空气，有如塑料泡沫一样大而轻，所以使巨嘴鸟的嘴活动自如，泰然自若，毫不费力。捕捉食物、梳理羽毛、啄树洞营

巢都显得十分轻巧灵活；遇到猛禽、蛇之类的袭击，还是有力的防卫武器。

巨嘴鸟喜欢结群活动，常常成群结队地栖息在大树的顶端，其鸣叫声粗粝，能传得很远。巨嘴鸟活泼好动，相互之间喜欢嬉戏打斗，有时还用巨嘴互相敲击发出声音，走在密林中就能身临其境地感受到鸣叫声和敲击声。

巨嘴鸟喜欢吃果实、种子、小动物和昆虫，有时也袭击小鸟的巢穴，吃掉巢中的温暖的雏鸟。它摘取果实的动作似产于我国的犀鸟，先用嘴尖把果实或浆果摘下，然后仰起脖子，把食物抛向空中，再张开大嘴准确地将食物吞下。看到这儿，有没有想试一下这种方式，可以找到爆米花的游戏。

巨嘴鸟是树洞营巢的鸟类，一般每巢产卵2～4枚，孵化期为22天左右，是南美洲的特产鸟类，又名鵎鵼，鴷形目、巨嘴鸟科，大部分分布在亚马孙河流域的地势较高的森林中，喜欢栖息在高大的树冠上，很少在地面上活动。

巨嘴鸟虽属攀禽类，足趾是两前两后的对趾形，但却不善攀缘，而是跳跃前进；夜间睡觉的姿态也很有趣，喜欢把尾巴折叠到背上，再把大嘴塞进翅膀，看了令人感到滑稽可爱。巨嘴鸟是人们喜爱的观赏鸟类，在世界各地大型动物园中都能见到其身影。

据统计，自然界大概有 34 种巨嘴鸟，如簇舌巨嘴鸟、曲冠簇舌巨嘴鸟、黑嘴山巨嘴鸟、扁嘴山巨嘴鸟、绿巨嘴鸟、黄额巨嘴鸟、橘黄巨嘴鸟、圭亚那小巨嘴鸟、茶须小巨嘴鸟、厚嘴巨嘴鸟、红嘴巨嘴鸟、黑嘴巨嘴鸟等。

七 · 犀牛的"知心朋友"——牛椋鸟

犀牛是世界上珍贵而稀有的动物，生活在热带密林中或稀疏草原上，它是一种身披厚皮、形状像牛的大型食草兽类，身体庞大，四肢粗壮，体重可达 1500 千克。犀牛最奇特的是它头上的角，产于非洲的犀牛有 2 个角，但不像牛、羊那样左右对称，而是一前一后地排列在额部，前边的角稍大，后边的较小。

犀牛可凶猛威风了，据说犀牛发脾气时在原野里暴跳如雷，乱闯乱跑，三四头狮子也斗不过它。它的角十分锐利，基部有碗

口那么粗，被顶到了谁也受不了，因此遇到犀牛"生气"的时候，森林里的"居民"们都敬而远之，匆匆地躲开，连狮子、豹子等猛兽也不敢轻易触犯它。

如此蛮横凶猛的犀牛倒也有无可奈何的时候，犀牛的厚皮上生有许多皱褶，皱褶缝里的皮肤娇嫩而又密布神经和血管，加上生活在热带气候条件下，天气炎热而干燥，常常喜欢在水泽泥沼中洗泥水澡，把身体涂满泥浆。热带泥沼中富有各种小昆虫和寄生虫，这样，犀牛的身上不免要带上许多小虫子，它们钻进犀牛的皮肤皱褶中，不断地叮咬、吸吮犀牛的血，弄得它痛痒难忍，令这个庞然大物"束手无策"。

自然界真奇妙，竟然有一种烟灰褐色的小鸟，能为犀牛"排忧解难"，它就是牛椋鸟。这种烟灰褐色的牛椋鸟成群地飞到犀牛的背上、头上，东蹦西跳，啄食犀牛皮肤者内的昆虫和寄生虫，自己不仅可以美餐，又为犀牛充当了"私人医生"，犀牛感到舒服又自在，所以特别欢迎牛椋鸟这样的"好朋友"。

牛椋鸟与犀牛关系很好，朝夕共处，无形中又替犀牛充当了"警卫员"。因为犀牛眼睛很小，视力较差，听觉也不很灵敏，一旦周围有"敌情"，犀牛往往反应迟缓，但站在犀牛背上的牛椋鸟仿佛在"站岗放哨"，周围一有异常情况，它就会叽叽喳喳的一哄而飞，也为犀牛报了警，似乎告诉犀牛要警惕

呀！牛椋鸟与犀牛的关系可以说是一种"共生"的现象。

当然，牛椋鸟并不是专门为犀牛治虫和警戒，也是非洲许多食草动物如长颈鹿的朋友；它也会飞到水牛、马等家畜的身上，啄食它们身上皮肤缝里的寄生虫和昆虫，为它们清理皮肤，所以牛椋鸟已经成为深受许多热带食草动物欢迎的朋友。长期以来，人们对常在犀牛背上，与其"共生"的这种小鸟冠以各种名称，如犀牛鸟、牛鸦、犀椋鸟，等等，但经认真地查找资料和考证，对照《世界鸟类名录》发现，应为牛椋鸟。

牛椋鸟属雀形目、椋鸟科。牛椋鸟有两种，最普通的是红嘴牛椋鸟。它是一种美丽而小巧的鸟，身着烟灰褐色的羽衣，黄眼圈，红嘴，一般在乡村和农田活动较频繁，喜欢与驯养的牛、马和大型善斗的动物在一起，跳到这些动物的背上，啄食蜱虫、壁虱和一些吸血的昆虫。牛椋鸟鸣声轻柔，略有颤音，呈唑唑声，常常是边飞边鸣。

牛椋鸟是一种很稀有的鸟，只分布在东非、中非和南非的一些地区，一般为留鸟，只有在埃塞俄比亚、索马里和南非的纳塔尔是候鸟，在肯尼亚、乌干达、坦桑尼亚、北罗兹尼亚的一些地区数量稍多一些，而在南罗兹尼亚和尼亚萨兰就很少见了。

另一种是黄嘴牛椋鸟，比红嘴牛椋鸟稍大，长约 20cm，有一条较显著的淡黄色的尾和深铬黄色的嘴，嘴尖为红色。黄嘴牛椋鸟分布于非洲撒哈拉沙漠以南的稀树草原，分布范围与一部分红嘴牛椋鸟重叠。黄嘴牛椋鸟的习性也跟红嘴牛椋鸟相似，喜欢到食草动物和家畜的背上玩耍和啄食。

八 · 雀之王——伯劳

伯劳是雀类中的"霸王"，几乎所有雀类都不是它的对手。伯劳不但善于捕食昆虫、蛙类、蜥蜴、鼠类和小鸟，而且还敢袭击比自己还大的鸟类，真不愧是鸣禽一霸。如若让雀类同居一室，

伯劳会毫不客气地追扑，甚至将它们撕碎吞食。伯劳还有个俗称是"虎不拉"，在北方方言里指的是蛮横无理的人，正是因为伯劳的"霸王"属性得名。

正因有此等战斗力，伯劳被人们视为雀类中的"猛禽"，

性格暴躁而凶猛。伯劳体型粗壮，头部相对比较大，在脸侧有一条宽宽的黑纹，贯穿眼部，这一道"贯眼纹"为它们赋予了 20 世纪 70 年代电影《佐罗》中男主角佐罗的形象；伯劳嘴形大而强，上嘴先端具钩，颇有点儿像鹰嘴；翅短圆，足趾下具利钩，爪强有力而钩曲。总结起来，它们不但面容大佬，也具有一身"功夫"。

伯劳大多栖息在丘陵、开阔的林地，常停落在小树或灌丛枝头，机警地注视着周围的动静，以敏锐的目光搜寻着"敌情"。一旦发现昆虫、小型兽类、鸟类、蜥蜴等猎物，便迅速猛扑过去，以利爪准确无误地捕捉住猎物，然后携带捕获物返回原栖止的小树枝上享用美餐。

伯劳有一个很特别的习性，那就是常将捕获的猎物挂在自己巢区附近的有荆棘的树杈尖上，像串羊肉串一样，留着慢慢地撕咬食之。这种二次加工再享用的习性，一些鸟类学家认为是贮藏食物的本能，以应付食物短缺；而多数鸟类学家则解释为这是伯劳撕咬个体较大的动物的一种手段，后者似乎更令人信服。同时，伯劳很贪食，看见附近有美味就迫不及待地抓取，常常吃上几口就扔掉了再去捕食，因而伯劳巢区各处都挂有动物残体"悬尸示众"，似乎炫耀自己的战绩，基于此也有人称伯劳是"屠夫鸟"。

伯劳叫声粗粝响亮，有时是连续的"吱咔、吱咔……"，有时是单调的"嘎—"，鸣叫时仰首翘尾，激昂有力，像个骄傲的号手。但伯劳的鸣啭却委婉动听，有"赛百灵"之美誉，是个"声"

入人心的歌者。

在我国，伯劳大多数种类为夏候鸟，5～7月繁殖时期，它们常常会站在树梢头，直立身躯，不停地上下摆动尾巴。雄鸟还不时地做着各种求偶炫耀的姿态来取悦雌鸟。求偶成功后，雌雄伯劳共同建造巢穴。它们多选择直立的枝杈，用干草、树皮纤维和植物细根等在枝杈上编成杯状巢，巢内壁有时掺入毛、羽及布条等。伯劳平均每窝会产下5～7枚卵，卵青白色，上有淡褐色及暗灰色斑纹。

伯劳属雀形目、伯劳科，世界上有60种，我国常见的伯劳有牛头伯劳、棕背伯劳、虎纹伯劳、灰伯劳等，全部都是食虫益鸟，应该注意保护它们。

常见伯劳的区别

名称	形态特征	图片
牛头伯劳	头顶及枕栗红色，背羽灰褐色，下体羽白色，两胁深棕色，尾羽褐色	
棕背伯劳	喙粗壮而侧扁，背部棕红色，下体棕白色	

续表

名称	形态特征	图片
虎纹伯劳	上体大部栗红褐色，杂以黑色波状横斑，似虎纹	
灰伯劳	体型大，上体灰或灰褐色，下体近白色，翅及尾黑色	

(九)· 观赏鸟的"保姆"——白腰文鸟

看到题目，你是不是在想：难道鸟类也需要保姆吗？答案是肯定的，白腰文鸟就是一些观赏鸟的"保姆"，人们利用白腰文鸟抱窝性强的特性，请它来做一些观赏鸟的"鸟妈妈"——孵化一些名贵的观赏鸟卵并育雏。

近年来，五彩文鸟、灰文鸟、黑头牡丹鹦鹉、金丝雀、长尾草雀、梅花雀等漂亮的观赏鸟越来越受养鸟爱好者的喜爱，这些观赏鸟有的还未完全驯化好，有的由于长期人工饲育，自然本能退化了，

只产卵却并不会自己孵化，也不育雏。饲养专家们发现，白腰文鸟的抱窝性很强，想到了用白腰文鸟来做这些鸟类的"保姆"，帮它们孵卵、抚育后代，慢慢地白腰文鸟就成了人们培育新品种的"得力助手"。

白腰文鸟还有两个有趣的名字："十姐妹"和"算命鸟"。它栖息在平原及山脚下，村庄附近的树丛和稻田中，在溪边和池塘边的灌木或竹林间及山下的针叶树或草原中，也可见到它们的踪影。它们常常呈家族群体活动，10只左右一起飞行，所以有了"十姐妹"之称。另外，白腰文鸟易于被人类驯化，常常有人用食物引诱白腰文鸟衔牌算命，民国时期就有算命先生训练白腰文鸟算命卜卦，做骗钱营生，因此又有"算命鸟"的别名。

白腰文鸟遍布我国南方各省，是一种留鸟，以食植物性食物为主，特别喜欢吃稻谷、未成熟的谷穗儿和草籽儿，也吃少量的昆虫，在作物成熟的秋季常常结成大群，到田地大量取食，使粮食作物受到一些损失，但在冬春季节，它们主要吃杂草种子。

繁殖期间，雌雄白腰文鸟形影不离，总是依偎在一起，不久开始叼草筑巢，巢筑在竹林、竹丛、灌木丛或较高的阔叶树或针叶树上。巢比较特别，是用甘草、竹叶、棕丝等编成厚而密的球状，巢内垫上嫩草，侧面还设有凸出的呈颈状的出入口。白腰文鸟的巢除了用于孵卵育雏外，还是在寒冷冬季集群的绝佳避寒场所。

产卵期是4~6月，每窝产4~7枚卵，卵纯白色无光泽。雌雄亲鸟交替孵卵，孵卵期间白腰文鸟还有一些特殊的行为：比如，同一巢中有时会有两只雌鸟共同在孵卵；有的亲鸟能把卵用脚夹在腹部搬移。经过14天孵化，雏鸟便出壳，亲鸟开始了育雏，经过 21 ～ 22 天，雏鸟就出飞了。

白腰文鸟在分类学上属雀形目、文鸟科的成员，原种羽色并不华丽，上体及后胸为栗褐色，并具有浅色羽干纹，腹部接近白色，尾黑色呈楔形，嘴厚呈圆锥状，适于剥食谷壳。人工培育品种有的接近原种，有的全身白色，红嘴红脚，还有驼色的、花色的，等等。

在选择白腰文鸟给别鸟做"保姆"时，一般选择有繁殖 2 ～ 3 窝经验的母鸟，而且需要它与所孵育的鸟卵的孵化期相近，否则不容易成功。

白腰文鸟的驯化还有个小插曲，据资料记载，我国的白腰文鸟在江户时代输入日本，由日本养鸟专家经过人工饲养、研究培育并形成了一系列新品种：白色十姐妹，全身纯白色，

嘴肉红色，眼黑色；三色十姐妹，体白色有茶褐色、黄褐色、黑褐色斑纹；文十姐妹，全身白色，背部中央有一黑褐色的文字；茶色十姐妹，全身茶褐色；桔顶十姐妹，头顶有角状的冠；还有胸被卷毛的十姐妹。一般认为，作为保姆鸟选择用白色十姐妹比较好。

白腰文鸟的雌雄分别

外形上难以区别，一般可根据叫声和性行为的姿态加以判断。雄鸟叫声尖锐似"皮—皮"声，雌鸟叫声低哑成"啾—啾"声，鸟市上所出售的十姐妹多为雄鸟。养鸟爱好者请注意，最好买一窝刚会吃食的幼鸟加以驯化，以免上当。

第四章
奇妙的求偶行为

一·穿灰色"婚纱"的朱鹮

在我国西部巍峨的秦岭附近，崇山峻岭之间居住着一小群美丽的大鸟，它就是当今世界上最濒危的鸟类之一朱鹮，属我国一级保护动物。

朱鹮有"东方宝石"之称，曾广泛分布于东亚地区，如俄罗斯、朝鲜半岛、日本和我国西部广大地区，但由于人口的大量增长，环境不断地遭受破坏，朱鹮赖以生存的环境逐渐减少，使朱

鹮的数量急剧下降。

1979 年，在板门店，朝鲜宣布最后的朱鹮灭绝。

1981 年，在苏联的哈桑湖，当地科研人员寻找朱鹮未果，宣布朱鹮绝迹。

1930 年，日本有近 40 只朱鹮分布于佐渡岛和能登半岛等地。1953 年时，仅剩 31 只。1961 年，只有 10 只。到 1977 年，仅剩 8 只朱鹮个体。1981 年，日本将残余的 5 只朱鹮集中笼养在日本的佐渡岛上，由此日本的野生朱鹮宣告绝迹。

从 1978 年开始，我国政府的环境保护部门向中国科学院动物研究所下达了寻找和研究朱鹮的任务，在中国科学院学部委员（院士）郑作新教授指导下组成了专题组，刘荫增先生承担了寻找朱鹮的任务。

专题调查组从 1978 年冬季到 1981 年，在国内先后进行了 3 次调查，最终于 1981 年 5 月在陕西洋县找到了 2 只美丽的大鸟；第 2 天，在八里关乡大店村姚家沟，又找到了一个朱鹮家庭。这个家庭中有 2 只成鸟和 3 只雏鸟——真是一个近乎完美的家庭。此次在洋县他们发现的这个朱鹮种群数量一共是 7 只。

当时的朱鹮巢区，有 1 只幼鸟由于体力不支坠落在地上，飞不起来了。发现它的科考队

员赶紧捕捉了一些小鱼和小虾喂给它吃，并把它送回巢中。可惜的是，这只幼鸟的身体实在太虚弱了，第 2 天上午又从巢中坠落下来。经有关部门商定，1981 年 6 月 25 日，将小朱鹮抵运到北京动物园，由李福来先生带领的科研小组进行人工饲养，并开展朱鹮人工繁育的研究。

1989 年 4 月 19 日，朱鹮保护史上第 2 个值得纪念的日子——第 1 只人工饲养下的朱鹮出壳了，新的世界纪录诞生了。从 1981 年开始尝试饲养朱鹮，经过多年的研究摸索，先后闯过了朱鹮饲养、存活和繁殖三大难题，终于在 1989 年在世界上首次人工繁殖朱鹮成功，这其中经历了漫长的试验过程、诸多的磨难。

文静秀丽的朱鹮是一种留鸟，它终年生活在我国陕西省洋县境内，海拔 800 米到 1500 米的山区，那里山清水秀气候宜人，有高大的栓皮栎树，冬季气温多在零摄氏度以上，山间溪流和稻田中的水常年不干枯、不冰封，是朱鹮最适宜的营巢地。

冬季来临，美丽的朱鹮身披白里透红的羽衣，身姿分外妖娆，修长的头颈佩戴着迎风飘曳的羽冠，漂泊在那皑皑的雪原上，成双成对或三五成群地翱翔。早春二月，正值洋县一片萧条的冬末初春景象，所有的朱鹮不分雌雄，通过洗澡将耳后腺分泌的灰色颗粒涂抹到身上，穿上了灰色的"婚纱"，做好了繁殖前自身的准备。它们选择高大的栓皮栎树、白杨树或松树，在粗大的树枝间筑巢。巢十分简陋，由树枝架成一个平平的浅盘子，中间稍向下凹，里面垫以玉米叶、蕨类、细藤条、草叶及草根等，有时也会利用旧巢。

每窝产卵 2 ~ 4 枚，由雄鸟和雌鸟轮流担任孵化任务。鸟巢中往往只有一只亲鸟，不孵卵的另一只亲鸟就在巢边进行看护，夜间会到其他树上栖息。孵化期约 26 天。亲鸟在孵卵期间经常翻卵、晾卵、理巢等，精心地呵护着未来的"宝宝"。

宝贵的朱鹮卵

朱鹮对环境的变化十分敏感，是人们常说的"神经质"的鸟。特别是在繁殖期间，往往会因环境的嘈杂，把孵化中的卵踩碎，甚至把即将出壳的雏鸟啄死，扔出鸟巢外。

朱鹮对配偶有很强的选择性，它们选择配偶时以送树枝表达"爱慕之情"，如果送枝对方接受，雌雄朱鹮会共同亲密地咬嘴以示爱慕成功。它们不但能共同生活，还能生儿育女，成年雌雄朱鹮一旦定情结为伴侣，爱情将终生不渝。

朱鹮属鹳形目、鹮科，它既不像同类中鹳那样长颈长腿，显得高大而粗笨，又不像鹭类那样细高挑。它的腿颈长度适中，体型矫健，漫步在稻田中，用那长而弯曲的，嘴既能啄食陆地上的蝗虫、水中浮游的鱼虾和水生昆虫，还能插入泥中，索取泥鳅、田螺。如此秀美的朱鹮飞翔在蓝天上，朱红色的羽毛在阳光照射下艳丽夺目，宛如青山绿水中的一颗红宝石。

再看看孩子们的画。

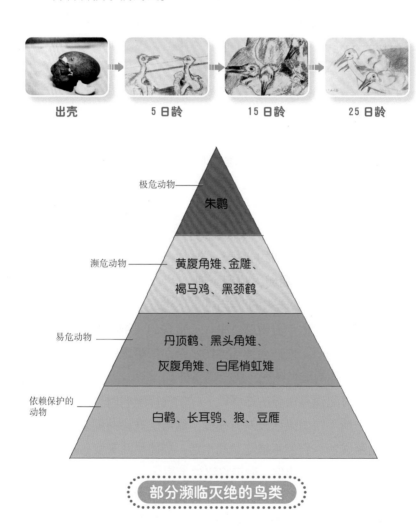

出壳　　　5 日龄　　　15 日龄　　　25 日龄

极危动物 —— 朱鹮

濒危动物 —— 黄腹角雉、金雕、褐马鸡、黑颈鹤

易危动物 —— 丹顶鹤、黑头角雉、灰腹角雉、白尾梢虹雉

依赖保护的动物 —— 白鹳、长耳鸮、狼、豆雁

部分濒临灭绝的鸟类

二· 自我展示——孔雀

　　在鸟类王国中，孔雀是当之无愧的颜值担当，在动物园也是夺人眼球的主角。孔雀五颜六色的羽毛，天然妆成，美丽异常，在阳光的照耀下更显得鲜艳夺目，被视为吉祥、美丽、善良、华贵的象征。

　　孔雀开屏的优美舞姿，大概都有耳闻，不知吸引多少到动物园一游的客人驻足流连。孔雀开屏编排出的孔雀舞使其美丽的形象登上艺术舞台，给人们以美的享受。那么问题来了，孔雀为什么会开屏呢？有人说，姑娘们穿着漂亮的花衣服，走到孔雀面前，孔雀就开屏了，这是和姑娘比美呢；有人说，能看到孔雀开屏是有好运气的征兆。其实这些说法都没有科学道理，孔雀开屏只不过是繁殖季节的一种发情表现，是雄鸟为雌鸟的求偶炫耀。这里向大家提个醒，孔雀的尾屏不是由尾羽形成的，而是雄孔雀的尾上覆羽延长组成的，这些长长的羽毛可达身体的两倍，羽端有漂

亮的眼状斑。尾上覆羽是雄孔雀开屏的装饰，平时合拢拖在身后，把真正的尾羽覆盖住，所以常被误认为是尾羽。为了证实这一点，当孔雀开屏的时候，观察者不妨注意一下屏后，会看到很短、并呈暗棕色的真正尾羽。

在繁殖季节，孔雀开屏的动作也是十分有趣的。雄孔雀会突然抖擞身体，将华丽的尾上覆羽高高举起，犹如一把巨大的扇子，时而沙沙抖动，高潮时还"噢—噢—"大声地鸣叫，每日可开屏4～5次，每次可长达10分钟呢。孔雀开屏还是保护巢区的一种警戒行为，比如当它看到大红大绿或听到大声谈笑时，也会竖起尾屏。

据说雌雄孔雀十分珍惜自己的尾屏。有篇寓言故事这样写道，孔雀的尾巴长得很漂亮，画家即使使用美丽的色彩也很难画得相似。孔雀栖息时总先找个藏尾巴的地方，然后才安身。天若下雨，尾巴被淋湿了，看到捕鸟的人来了，孔雀因爱惜自己的尾羽也不愿意逃走，因此就免不了被捕捉。

孔雀的羽毛是深受人们喜爱的装饰品，称为"孔雀翎""孔雀线""孔雀眼"，人们还常常用它编成扇子，制成衣裳，制成高级工艺美术品。在戏剧里，我们也常常可以看到，用孔雀羽毛做的官帽，比如清朝武官的顶戴花翎就有孔雀羽毛。封建帝王还将孔雀羽毛编织成乘坐的轿子的篷顶。

孔雀是鸡形目、雉科的鸟类，与家鸡本是一家，可以称兄道弟。孔雀有绿孔雀和蓝孔雀，绿孔雀主产于东南亚和我国云南南部，又叫爪哇孔雀，它头顶有一簇直立的羽冠，身体羽毛主要为闪烁金属光泽的翠绿色；蓝孔雀主要产

于印度，又叫印度孔雀，是印度的国鸟，印度人把蓝孔雀当成神鸟、吉祥鸟，它身体羽毛主要为深蓝色，羽冠为扇状。现实生活中的白孔雀，是一种全身洁白、羽毛无杂色、眼睛呈淡红色的孔雀，十分美丽，它是人工繁育下野生蓝孔雀的变异品种，变异率约为1/1000，数量稀少，是极为珍贵的观赏鸟。

孔雀生活在海拔2000米以下的山区，主要在开阔的稀树草原或生长有灌木丛、竹丛或针叶、阔叶等树木开阔的高原地带，尤其喜欢靠近溪流河岸和树林空旷的地方。孔雀脚强健，善疾走，不善飞翔。组成一雄多雌的家庭，一般由1只

雄鸟和2～5只雌鸟组成，有时还带着它们的子女。孔雀的食性较杂，主要吃植物的种子、果实和昆虫。

我国的传统文化中，常常被视为神鸟的"凤"，是原始社会的人们想象中的保护神。凤的形象经过逐渐完美演化，形成了头似锦鸡、身如鸳鸯，有大鹏的翅膀、仙鹤的腿、鹦鹉的嘴、孔雀的尾的形象。居百鸟之首，凤象征着美好与和平。

绿孔雀

身体羽毛主要为闪烁金属光泽的翠绿色，头顶有一簇直立的羽冠，产于我国云南南部等地。

蓝孔雀

身体羽毛主要为深蓝色，羽冠为扇状，产于印度。

三·角雉的炫耀

你见过长角的牛、长角的羊，见过长角的鸡吗？鸡头上长有犄角，总是让人感到很新奇。但是，千真万确，角雉确实是一种头上长角的鸡，在它的头的两侧长出两只新奇的古蓝色肉质角。不过这里要说清楚，只有雄性的角雉才长角，也只有在求偶的时候角雉的角才长出来。

角雉的大小似家鸡，但比家鸡会打

扮自己，头上生有漂亮的羽冠，在雄性角质羽冠两侧各长出一只数厘米长的角状突起，因此当地群众也叫它"角鸡"。在角雉咽喉部下面长有一个似农村小孩围嘴儿样的肉裙，平时角质的肉质角和肉质裙都缩得较小，不很明显；到了繁殖季节发情求偶时，雄角雉为了取悦雌角雉，肉质角伸得长长的并微微颤抖，肉裙也展开，变得很大，艳丽夺目。有的还形成各种图案，如红

腹角雉，形成一个"寿字形"图案。角雉的肉质角、肉质裙连同漂亮的羽毛，随着颤动的身体微微摇晃，不停地炫耀其独特的美姿，以吸引雌雉与其结成"伴侣"。

角雉性情文静而怯懦，喜欢单独活动，善于奔走。由于身体笨拙，只有在迫不得已时才做短距离飞行。它们反应迟钝，警觉性差，受惊扰后不是马上隐蔽起来，而是左顾右盼，好像要探个究竟。有时听到猎人的枪声也不离开，直到发现目标才惊慌逃窜。角雉既没有远飞的能力，也没有抵御天敌的本领，为了躲避野兽的袭击，只好在黎明或是傍晚时分出来觅食，白天则藏在岩洞中或灌木丛中，夜晚在矮树上栖息。一旦遇到天敌，则显

红腹角雉

得迂拙，甚至呆傻可笑。有时人走近或用石头投掷它，角雉会以为自己隐藏得非常严实，依然卧着不动。当它真正感到有生命危险时，便"呱！呱！呱！"叫着慌忙逃窜，在

走投无路时则把头钻入灌丛杂草或蕨丛中，好像头藏好了，暴露在外的身体就不会被人发现似的，所以有人称它为"呆鸡"。

角雉属鸡形目、雉科的鸟类，羽毛华丽，颇有观赏价值和经济价值，五种珍贵的角雉我国均有分布，如黄腹角雉、红腹角雉、灰斑角雉、红胸角雉和黑头角雉，其中黄腹角雉、红腹角雉为我国特产。

名称	形态特征	保护级别
黄腹角雉	雄鸟上体栗褐色，布淡黄色圆斑。头顶黑色，腹部羽毛呈皮黄色	一级保护动物
红腹角雉	体羽深栗红色，杂以灰色眼状斑	一级保护动物
灰斑角雉	雄鸟头部黑色眼周，裸出部蓝色体羽，大多栗红色，布满灰色眼状斑，下体灰斑大而明显	二级保护动物
红胸角雉	羽冠的两侧有一黑纹，通体大都绯红而满杂以白色眼状斑	中国境内却是罕见的种类
黑头角雉	雄鸟头黑颈红，脸裸出部辉红，体羽大都黑色而具杂斑，布满白色眼状斑	一级保护动物

(四)·军舰鸟的有趣表演

军舰鸟是一类大型的热带海洋鸟类，生活在太平洋中部和印度洋东部，属鹈形目、军舰鸟科，每年夏季它们都在我国南部海域的岛屿上繁殖，有许多奇特的行为为人们所关注。

最有趣的当属求偶表演了。繁殖季节大群军舰鸟来到海岛上，栖息于树上，雄性军舰鸟选好了自己的位置，卧下并抬起头，上下嘴不断地碰撞，发出"哒、哒、哒"的声音，同时喉部不时鼓胀起大大的、鲜红色的喉囊。喉囊一会儿大，一会儿小，好像一个火红的大气球，同时还不停地鸣叫，呼唤着雌性军舰鸟，直叫得声嘶力竭、筋疲力尽。一旦被雌鸟相中，便开始在海岛的大树顶部或岩崖峭壁的灌木丛中筑巢；巢很简陋，用树枝折断围成，内附些海草等柔软物。

军舰鸟最爱吃鱼，常常遨游在天空中，巡视着海面。一旦发现鱼群，就猛然入水猎捕，尤其擅长追捕在海面上飞跃出的飞鱼。军舰鸟有一个特殊的令人类"生厌"的习性，就是抢夺其他海鸟捕到的食物，因此有一个绰号"海盗鸟"。当发现鲣鸟或燕鸥刚从水中啄到鱼，衔鱼从海面飞起时，军舰鸟立即俯冲追击，猛地啄击鲣鸟、燕鸥的尾部，迫使它们张嘴弃食，鱼自然坠落下来，就在食物即将入海的那一瞬间，军舰鸟以娴熟的飞翔技艺俯冲过去，叼住空中下落的鱼，这种情形真是精彩至极。

军舰鸟不仅抢夺他人食物，连巢材也是靠掠夺而来。据专家观察，军舰鸟巢内的海草也是从其他海鸟的巢中"偷取"来的，或是空中掠取其他海鸟的。当巢营造好后，雌性军舰鸟便开始产卵，一般仅产1枚，卵壳表面为淡土黄色，没有斑纹，雌雄亲鸟共同孵卵和育雏，但是以雄鸟为主。经过40天孵化，雏鸟出壳。刚孵出的雏鸟全身光裸而无绒羽。随着日龄的增加，逐渐长出白色的绒羽，再换成幼鸟的羽衣，幼鸟离巢后2年才换成成鸟的羽饰。

军舰鸟的身体羽毛以褐黑色为主，身躯不大，却长了一对伸展可达两米长的尖翅膀，尾羽像燕尾，但分叉很深；长嘴的尖端长着锐利的钩，用于抓住黏滑的鱼；喉部有红色裸露，部分呈袋状皮肤褶，平时用来暂时存放捕食的鱼类，繁殖期成为吸引雌鸟的"装饰"。

令人惊奇的是，军舰鸟虽然终生在海洋上生活，却既不善于游泳，更不会潜水，完全靠高超的飞行技能。狭长的双翅，利用海上强劲的海风，顺风滑翔，迎风飘举。曾有人看到在12级台风中军舰鸟仍临危不惧，安然降落。

全世界有军舰鸟5种，见于我国的3种：小军舰鸟、白斑军舰鸟、白腹军舰鸟，现今数量已不多，其中白腹军舰鸟已列入《世界濒危鸟类红皮书》，为世界关注的保护鸟。

（五）· 鸊鷉的水中芭蕾

　　繁殖季节，鸟儿大多有着各种各样的求偶表演，有的用大吹大擂的热烈方式求偶，像是一场歌唱会。而生活在湖水沼泽地的凤头鸊鷉却能上演一套身段优美的水中芭蕾舞。

　　舞蹈就是在凤头鸊鷉筑巢的沼泽地附近开始的。雄性"求婚者"会向"心上人"献上一条鱼或是一根水草，有时会有节奏地用嘴在水面上点来点去，或者用嘴夸张地梳理羽毛，以一连串的优雅动作赢得"芳心"。雌鸟会以同样的方式应答。相互产生默契后，会面对面注视对方，低

头展翅，扇动头部冠羽，拍动双翅，时而前进，时而分别倒退。当互相接近时，又骤然停下改为相视后退，胸膛紧贴水面，再突然由水中向上挺身。凤头䴙䴘的水中芭蕾，戏剧性的高潮要数"踏水冲浪"了，这时的两只凤头䴙䴘会突然旋转身体，全身直立起来，并排在水面疾冲，像一对发了神经的企鹅一样，冲浪大约 30 米之后，它们便钻到水面下了。凤头䴙䴘的精彩舞蹈在求偶期间会反复地上演。

"婚礼"举行以后，就是共同筑巢了。雌雄亲鸟互相衔着水草，兴奋地左右摆动着头，互相亲昵着，双双将巢筑在水面的芦苇、香蒲丛生处。巢是由苇梢交错折弯而成，浮在水面上，可以随着水的波动上下、左右摆动，鸟类学家们把这种巢叫作水面浮巢。

巢筑好后，雌䴙䴘便开始产卵，一般每窝产卵 4～8 枚，雌雄亲鸟轮换孵卵。孵卵时，亲鸟若因惊吓或打扰而被迫离巢时，它们会用干草、残羽覆盖好卵，这样可以很好地给卵保温并防御天敌猎食。经过 22 天亲鸟的辛勤孵卵，雏鸟出壳了，出生几个小时雏鸟身披的绒羽干松后，便可跟

随父母一起游泳取食了；遇到危险时，亲鸟会把雏鸟驮在背上，或夹在翅膀底下潜水，逃之夭夭。

凤头䴙䴘还有特殊的习性，就是吃自己的羽毛。它经常转动着自己尖尖的锥状嘴，拨弄自己的羽毛，还时不时啄下一些吞进肚子里。科学家对这种现象非常感兴趣，不断地研究、探讨并进行了分析，认为凤头䴙䴘的羽毛光秃而柔软，仿佛绵羊的尾巴一样，有很多的油脂，在太阳的照射下，能制造出丁种维生素。丁种维生素可以防止软骨病，凤头䴙䴘啄食自己的羽毛，有助于骨

骼的强壮。据说角䴙䴘也有着吞食自己羽毛的习性。有人认为，角䴙䴘吞食羽毛是有利于裹住鱼鳞、鱼刺等尖锐物，似乎能使食物通过的速度减慢。以防止刺伤胃肠壁。

凤头䴙䴘是䴙䴘目、䴙䴘科的鸟类，世界上共有 20 种䴙䴘科的鸟类，从北极至南纬 60°之间的广大地区都有分布；我国分布着 5 种，除凤头䴙䴘外，还有小䴙䴘、黑颈䴙

䴘、赤颈䴙䴘和角䴙䴘，大都栖息在淡水湖泊、沼泽地植物丛中。䴙䴘的跗趾侧扁，很善游泳，可长时间地潜入水中，有时会悄悄地将嘴尖、鼻孔和眼睛露出水面，观察敌情，像鳖一样，所以俗称"王八鸭子"。其实，䴙䴘与鸭类有明显的区别，它的足趾位于身体后面，行走时很像企鹅，每个脚趾周围各有一个独立的蹼膜，脚趾张开后形如花瓣，所以称瓣蹼。一般不善远飞，飞得也不高，起飞时常常在水面上拍打出一连串的水波，飞行中全身伸直，两脚伸于体后，代替短短的尾巴起到舵的作用。

六 · 松鸡的竞技

松鸡是半树栖、半地栖的鸡类，栖息在潮湿的落叶松林或白桦林中，终年留居在那里。平时松鸡成群地活动在高山林带，一般觅食红松、落叶松、桦树的嫩芽和嫩枝，夏天也吃一些浆果、草籽，以及蜘蛛、蜗牛、螽斯、甲虫和蚂蚁等动物性食物。冬天冰雪覆盖森林的时候，它们被迫飞到较低一些的谷地和山麓，做小距离的迁移。白天集群觅食，活动时间很短，夜间温度降到 -40 ～ -50℃时，它们就钻进雪窝中避风寒、宿夜。

初春，当阳坡积雪刚刚开始融化的时候，松鸡就感觉到了春的信息，开始了它们一年一度的求爱活动。松鸡的求偶行为很特

别，一般找到一个固定的、宽敞的竞技场地，雄性松鸡们在竞技场"各显其能"，比舞争斗。黎明前后十几只甚至几十只的雄松鸡便云集到森林中的这块开阔的竞技场，先是一只雄松鸡从树冠滑翔到枝头，飞落到地面，并跑上几圈，好像在"请战"，稍后其他雄松鸡也落到地面，互相追逐，争斗起来。雄松鸡们个个显得异常兴奋，昂首挺胸，伸翅展尾，不停地抖动身躯，还不时地发出"咯—咯—"的叫声。接着鼓胀起红色的"眼盖"频频地猛扑过去，冲击对方。几个回合或几十个回合下来，才能决出胜负，这时在一旁观战的雌松鸡便飞向胜利者，然后双双飞进深林荫蔽处去度"蜜月"。其他表演格斗者也停止了争斗和鸣叫，开始觅食，积蓄力量，准备第 2 天，第 3 天……再战。雄松鸡的这种竞技表演有时要持续 2 个月之久。

产于北美洲的一种松鸡竞技规模就更大了，它们的竞技场有 100 多米宽，达 800 多米长，相当于七八个足球场那么大，聚集的松鸡有几百只。每天清晨都可以看到雄松鸡在争斗，连续 20 多天轮番比舞打斗，从中决出冠军。只有那些身强力壮的佼佼者，才有可能挑选雌松鸡，博得雌松鸡的欢心。松鸡的这种择偶方式，保证了它们后代的强壮，是自然选择的结果。

雌松鸡在地面上的倒木下、灌丛中营巢。巢很简陋，不过是树根、林木下的一个坑，铺上些枝叶、羽毛，雌松鸡就开始产卵。一般每窝产 6 ～ 12 枚卵，孵卵任务完全由雌松鸡承担。雌松鸡外出觅食时，会小心翼翼地用草叶将卵盖好，避免天敌发现。这时雄松鸡"主动"担负起警卫任务，照顾好自己的"家"。经过

22～24 天的孵卵，雏鸟出壳了，早成雏，出壳后即随母松鸡活动，觅食昆虫和蚂蚁。10 日龄后羽毛就已丰满了，能飞到 2～3 米高的树上，1 月龄已经长得与成年松鸡差不多大小。

松鸡属鸡形目、松鸡科鸟类。我国黑龙江、新疆等地生活着的黑琴鸡也是一种松鸡科的鸟类，又叫黑鸡、黑野鸡等，是中等体形的鸟类，雄鸟和雌鸟的差异非常明显，雄鸟全身羽毛都是黑色，并闪着蓝绿色的金属光泽，尤其是颈部更为明亮。翅膀上有一个白色的斑块，称为翼镜。别致的是它的 18 枚黑褐色的尾羽，最

外侧的三对特别长并呈镰刀状向外弯曲，与西洋古琴的形状十分相似，所以得到"黑琴鸡"的美名。雌鸟的羽毛大都是棕褐色，满布以黑色和赭褐色横斑，翅膀上也有白色的斑块，但不及雄鸟的显著，尾羽虽然也呈叉状，但外侧的尾羽不长，更不向外弯曲。

世界上约有 18 种，广泛分布在亚洲、欧洲和北美洲，分布在我国的有花尾榛鸡、斑尾榛鸡、细嘴松鸡、黑琴鸡、雷鸟、岩雷鸟、镰翅鸡 7 种。

七·琴鸟展翅

琴鸟，顾名思义一定与琴有关，它名字的得来是因为有一对漂亮的长尾巴，开屏时与希腊的一种七弦琴很相似，所以得名。琴鸟生活在澳大利亚，是澳大利亚的特产鸟类，也是澳大利亚人最喜爱的一种珍稀鸟类，并把它定为自己国家的国鸟。

相传有一位老妇人与一只琴鸟结为朋友，琴鸟每天为老妇人表演美妙的歌舞，学习各种动物的叫声，歌舞结束后，琴鸟就跳下平台到庭院觅食去了。它和老妇人建立了深厚的感情。老夫人也非常喜爱它，并取名为"吉姆"。后来琴鸟去森林中换羽，老妇人为了表示对"吉姆"的友好，在它回来时准备了许多"吉姆"爱吃的昆虫。不料

这下可激怒了"吉姆"，愤怒离去，好像认为他们的友谊就是世俗间的酒肉朋友。老妇人失去琴鸟后憔悴病倒了，"吉姆"知道后赶来看望老妇人，为老妇人唱了一首歌，歌声似灵丹妙药，老妇人的病居然好了。这个有关琴鸟的动人故事一直流传在澳大利亚，人们赞赏琴鸟的聪慧和美丽。

琴鸟生活在澳大利亚的森林中，它的外貌似雉鸡，两翅短而圆，不善飞翔。飞翔时仿佛像家鸡一样的笨拙，但善于在丛林间奔跑，大部分时间在地上的落叶中寻找昆虫、蠕虫和软体动物为食。

琴鸟是很美丽的鸟，它的头部呈黑褐色，体羽暗褐色中略带灰色，喉部、两翼和尾上覆羽呈棕色，尾羽长 70 厘米，呈栗色，并镶有黑边，共 16 枚尾羽，最外侧一对顶端弯曲如琴，整个尾羽很像一件镶有花边的锦衣。

繁殖季节，雄琴鸟会竖起它那长长的、弯曲的尾羽，两翼间有许多弓形的长羽毛，如银丝般地闪闪发光，以其美丽的尾羽向雌鸟炫耀，还会不停地、有节拍地摆动，如若同性来抢占地盘，抢夺"伴侣"，它们不气、不急也不武斗，而是以其发亮的尾羽直指对方，告知越界，对方就会知趣地退离。

结成配偶的雄琴鸟把"家"安在地面上的石缝里或树的枝杈间，由雌鸟将巢筑好。琴鸟的巢和一般的鸟巢不一样，形状较大，巢的进出口在侧面，便于亲鸟的进出，有的巢还有顶，可以避风挡雨。琴鸟只产 1 枚卵，雌琴鸟独自孵卵，雏鸟出壳后，琴鸟妈妈亲自抚育。

琴鸟不仅美丽动人，还有很多才艺。它能模仿各种鸟的鸣声、马嘶声、羊咩声、狗吠声和车辆的喇叭声，也会学人说话，还会学人们在森林里劳动时发出的伐木声和锯树声，可以说琴鸟几乎能模仿一切它听到的声音。

琴鸟是雀形目中体型最大的一类，属琴鸟科，仅 1 属 2 种，分别是艾氏琴鸟和华丽琴鸟。由于它美丽温顺，能歌善舞，被当地人称为"音乐舞蹈家"。

第五章

温暖的"家"

一 · 鸟蛋漫谈

鸟蛋中与人类关系最密切的莫过于鸡蛋了。鸡蛋味道鲜美，营养丰富，是深受大家喜爱的食品。当你品尝这美味佳肴时，是否知道它有可能是一个鲜活的生命？是否知道鸟蛋是怎样形成的呢？鸟蛋壳内又有什么样的结构呢？

众所周知，鸟类是卵生的，鸟蛋是动物界中体积相当大的卵细胞。迄今已知的世界上最大的鸟卵是已经灭绝了的象鸟的卵，象鸟是一种很像鸵鸟、但不会飞翔的巨型鸟类。分布

在非洲马达加斯加岛上，当地的土著居民用象鸟的蛋壳储存甜酒，一只象鸟的蛋壳可以装 9 升多啤酒。

如果将象鸟蛋与鸵鸟蛋相比较的话，它大致等于 6 个鸵鸟蛋那么大。鸵鸟蛋是现今存活的鸟类中最大的鸟蛋，鸵鸟蛋蛋壳结实得惊人，一个体重 50 千克的人站在鸵鸟蛋上，不致把蛋踩碎；如果将象鸟蛋与世界上最小的蜂鸟蛋相比，象鸟蛋约相当于 3 万个蜂鸟蛋。

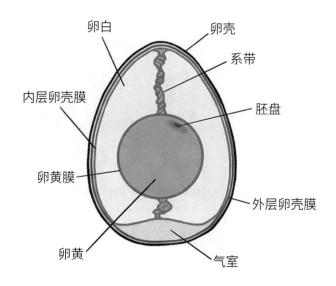

野生鸟类所产的蛋大体上有四种形状，卵圆形、椭圆形、洋梨形、钝椭圆形。大多数鸟类所产的是卵圆形卵，卵圆形卵与洋梨形卵在巢内所占面积较小，雌鸟能尽最大可能地将卵聚拢在腹部下，有利于孵化。鸟卵一般都是一头大一头小，这样利于窝巢内的卵集中在一起，万一发生滚动，也多以小头为中心，做小圆周滚动，不至于滚出巢外。

大多数鸟类所产的卵，卵壳上都有各种各样的色泽或花纹，这些花纹和颜色千变万化，色彩斑斓，简直连最出色的画师也难以惟妙惟肖地描绘出来。比如大多数啄木鸟、翠鸟、猫头鹰、斑鸠和鸽子，它们产的卵壳是纯白色的；椋鸟类的卵壳大多呈宝石蓝色；鸡鸭和鹭类的卵壳是淡黄色或淡青色；短翅树莺的卵壳呈红宝石色；鹬类的卵壳大多数在钝端有深褐色的螺旋形线纹；夜莺卵壳上都有像大理石一样的云纹。鸸鹋卵壳是深蓝色的，鹤鸵是呈淡蓝绿色。卵壳的颜色及花纹大多是一种保护色，这样利于保护后代，这是鸟类长期对自然界适应的结果。

我们仔细观察卵壳会发现，石灰质的卵壳上有许多微细的小孔——卵孔，它是胚胎气体交换的窗口。打开卵壳，可以看到卵壳内生有两层柔韧的膜，这两层壳膜在卵的钝端分开形成气室，气室内储藏着小生命所需的氧气。壳内透明的是蛋白质，为胚胎发育提供所需的水分和养料。卵白内有悬浮的卵黄，由系带固定卵黄，卵黄上有胚盘。由于重力作用，胚盘永远朝上，利于接受孵卵亲鸟的体温。

如此精巧的鸟蛋是怎样形成的呢？达到性成熟的雌鸟卵巢内有许多卵泡，卵泡内的卵细胞成熟后就落入腹腔内，被输卵管顶端的喇叭口所吸收，沿着输卵管向下移动时遇到精子而受精。受精的卵细胞沿输卵管向下滚动，逐渐被输卵管壁分泌的蛋白、壳膜及钙质的蛋壳层包裹，于是形成了鸟卵排出体外。

每一种鸟所产的卵的形状颜色花纹是相对稳定的，那么每一种鸟都认识自己的蛋吗？实验证明，鸟类不仅对自己所产的卵认识模糊，就连自己的雏鸟也并不熟知，它们的孵卵和喂雏完全是一种反射性的本能活动；同样，雏鸟出生后也并不认识它们的父母，亲鸟移动的影响和落在巢边所产生的震动，引起雏鸟反射性地做出张口求食动作。

（二）· 缝叶莺的叶巢

人类能够利用针、线，靠自己一双灵巧的手将裁剪好的布料缝连在一起，制成各种各样的服装来打扮自己，装点生活。如果说某种鸟也有这样的本领，用针线搭起自己的"家"，你难免会感到惊奇。自然界确有一种叫缝叶莺的小鸟，能为自己缝制精巧的"家园"，它高超的技艺令人赞叹。

缝叶莺的体态和羽毛，跟我们常见的普通莺类很相似，身体小巧玲珑，比较突出的是，它具有细长而微微弯曲的喙，细长而强劲有力的双脚。缝叶莺缝制自己的巢时，使用的当然不是布料，而是一种宽大的树叶。它通常在芭蕉、杧果、番石榴、香蕉等植物上营巢，选择一大片或几小片下垂的叶子，将叶缘卷拢缝合，形成袋状。

　　缝叶莺缝制叶巢的过程十分讲究：先用它那灵巧锐利的小嘴在距叶缘1～2厘米的叶面上穿出一排排的小孔，然后用细细的草茎、蜘蛛丝、野蚕丝、植物纤维等做"线"，用自己的喙当"缝针"，将"线"从孔中一个个地穿过缝合。更为诡异的是，为了防止松扣，每缝一针之后，还会在孔外打一个结。如此嘴脚并用，巧妙地把树叶卷褶、穿孔，缝合成一个带状的巢，真是令人惊奇。

　　叶巢缝好后，便四处找寻一些草梗、嫩枝垫于巢底，再铺上一些柔软的植物纤维、棉花、兽毛等。为了防止叶柄一旦干枯脱落，造成巢毁、蛋碎或

雏亡，缝叶莺往往用纤维把叶柄牢牢地系拴在树枝上；为了防止雨水漏进窝内，还特地使巢保持一定倾斜角度，如此精美、舒适、耐用的"房子"才算真正建成，缝叶莺便开始在这里"生儿育女"。缝叶莺每年4～8月开始繁殖，通常每年繁殖两窝，每窝产卵3～4枚，卵壳白色、淡红色或淡青色，上面布有深浅不等的红褐色斑纹。

　　缝叶莺是热带鸟类，主要分布在印度、斯里兰卡、缅甸、马来西亚和我国广东、广西、云南、福建南部等地，栖息于山村，常在村落附近的园圃、荆棘、竹丛或小乔木上活动和觅食，善于跳跃。缝叶莺体长约12厘米，尾巴就占去一半以上，有淡黄色的眼圈、褐红色的额顶、橄榄色的背部和灰黄色的腹部，全身羽色和生活环境十分协调，样子也极招人喜爱。

　　这种活泼可爱的小鸟，不仅是技艺高超的"建筑师"，还是

消灭害虫的能手，主要啄食龙眼树、甘蔗、木棉等作物的害虫，是著名的农林益鸟。缝叶莺属于雀形目，鹟科、莺亚科的鸟类，见于我国的缝叶莺共有 3 种，即金头缝叶莺、长尾缝叶莺和黑喉缝叶莺。

三 · 织布鸟的纺织巢

织布鸟主要生活在非洲、亚洲南部和我国云南等地域的热带雨林中。在那遮天蔽日的密林中，你能够看到许多大树上悬挂着一些球形、瓶形或状如毡靴的鸟巢，好像是树木的果实在随风飘动。如果你仔

细观察，会发现在每一个"果实"上都有一个圆洞，有时还能看到在洞口有一种类似麻雀的小鸟进进出出。这些类似树木果实的悬挂物就是织布鸟编织的巢。织布鸟——还有纺织鸟、织巢鸟等名称——在建设自己的"家园"方面可称得上是能工巧匠了。

织布鸟的巢是悬挂在树枝上的，所以叫作悬巢。悬巢种类很多，有的会编织这种一个个的悬巢；有些种类集大家族之力，共同建造可容纳多家的高楼大厦，比如产于南非的一种织布鸟，营巢方式很特别，它们云集在高大的树上，合群营巢，虽然是每一对小鸟各自建造自己的小窝，但许多小窝连在一起就构成一个庞大的鸟巢。整个巢上面有共同的屋顶，下面是许多小洞，宛如一座大"公寓"，在这所"公寓"里，每对鸟都有它们自己的小家庭，各自产卵、孵卵和育雏，每对鸟在"公寓"只居住一个繁殖周期，以后另建新居。产于热带的织布鸟，每年可繁殖 2～3 窝，往往建在旧窝的周围或下面，如此一窝又一窝，年复一年，"公寓"不断扩大，直到树枝承受不了它的重量而断落，它们才迁移别处，另建新"公寓"。有人测量过织布鸟的这种大巢，竟长达 8 米，宽近 4 米，高约 2 米。

织布鸟是怎样编织精巧的巢的呢？每当繁殖季节到来时，雄性织布鸟就开始忙碌起来，不停地衔来长长的植物纤维，在预先选好的树枝上把纤维有"程序"地在上面缠绕，并不时地打上许多节做成吊巢的环状框架。雄鸟在编织过程中时不时倒吊展翅，向雌鸟炫耀。接着，雄织布鸟再一次又一次去寻找细草或植物纤维，在环状巢基上进行编织，有时还要掺杂一些棕毛之类，逐渐编成一个和自己身体大小差不多的空心草球。不同种类的鸟会在不同的位置上编出类似瓶颈的通道和门户，再在巢内垫上羽毛和植物的花序，一个温暖而又舒适的就"新居"落成了。如果"新娘"满意这个"新居"，美好的"姻缘"就算结成，不久就会儿女济济一堂了。

织布鸟属雀形目、织布鸟科，有 70 个不同的种类，如见于我国云南的黑喉织布鸟和黄胸织布鸟。

四·营家鸟的奇特家巢

鸟类的巢多种多样，由简单向复杂发展，最简陋的像鸵鸟的巢，不过是在地上偎个沙坑；海雀则干脆把卵产在光裸的岩石或地面上；鸠鸽和一些猛禽在树上或岩洞中用树枝造成皿状巢；苇莺的巢就精巧多了，是用芦苇秆交叉做骨架，用草编织成很深的杯状巢；更有像织布鸟那样的"能工巧匠"，织造出舒适、安全、精致、梨形、下方开口的"工艺品"似的纺织巢；鸡类一般是用树枝、树叶、草在地面或树杈间营造简单的盘状巢；唯有营冢鸟的营巢方式是最为特殊的。

当初，人们在澳大利亚南部的草原和桉树林中，发现到处有一堆堆高大的树叶和土堆，形成的像坟墓一样的结构，这是怎么回事儿呢？人们突发奇想，为何不把树叶堆扒开看个究竟呢？于是大家就扒开这些树叶堆，发现树叶下竟是鸟卵，而且比鸡卵还要大3倍。后来经过科学家们进一步研究，才知道这就是营冢鸟的巢和卵，营冢鸟也因此而得名，冢就是坟的意思。

营冢鸟是怎样建造它们的冢状巢的呢？一到繁殖季节，雄性营冢鸟便开始收集树叶了，先在林中厚厚的树叶层选一块地方，然后用那粗大而有力的爪子在地面上挖一个深1.5米，直径3～4米的大深坑。雄鸟在坑内铺一层树叶，堆一层沙，铺一层树叶，再堆一层沙，直到堆积高出地面1～1.5米的大堆，工程才算完成了一半儿；然后它在冢顶挖一个穴，巢就算筑好了。有一种丛林营冢鸟，建造的冢状巢直径达15米，高6米，可以称得上冢状巢之最了，建造如此大的冢巢要花费营冢鸟好几个月的辛勤劳动。

营冢鸟不孵卵，那它的雏鸟是怎样出生的呢？原来雄营冢鸟把巢建好后就开始了"孵卵工程"的设计，依靠冢内树叶发酵产生的热量，再加上太阳光的照射和地热来孵化它的卵。随着热量的不断上升，雄鸟在冢顶挖个小洞，不断地把裸露的头部钻进洞内，用嘴或舌去试温，当温度达到 35℃时，雄鸟就在冢顶挖一个大洞作为卵室。让雌鸟将卵产入其中，雌鸟每隔 4～7 天产 1 枚卵，产卵后雄鸟就将洞穴掩埋，雌鸟要连续几个月才能产完 10 ～ 20 枚卵。卵产齐后，雄鸟就

更忙碌了，不时地将头伸进冢内测温，一会儿温度高了，赶快挖孔通风；一会儿温度低了，雄鸟又赶紧向冢内敷沙保温。它不停地忙碌在巢外，以保持冢内卵室的温度保持在 34 ～ 35℃。

经过漫长的 50 天自然孵化后，雏鸟出壳了。小家伙一出壳就很有劲，拼命地往上爬，一直挣扎将近一天的时间才能从冢堆中钻出来。这时亲鸟就守候在冢旁，但奇怪的是，它们形同陌路，亲鸟与雏鸟互相视而不见，亲鸟继续认真地守护着它的土冢，小营冢鸟歇息片刻，便独自飞到矮树上，开始了独立生活。一年之后，小营冢鸟发育成熟了，也会营造冢巢。

当然，并不是所有的营冢鸟都营造冢巢，有的种类很懒，只把卵产在被太阳晒得很热的岩石缝中；还有的竟把卵产在火山喷发后尚未冷却的灰堆中；更有甚者把

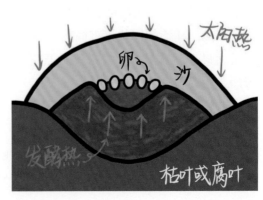

卵产在河边、河滩中，完全靠太阳光孵化。

营冢鸟又叫冢雉，在鸟类大家族中属鸡形目、营冢科，样子很像珍珠鸡，头顶常有裸露部分，但腿长，显得瘦俏，多生活在热带丛林中。全世界有营冢鸟20多种，它们大多分布在澳大利亚、新几内亚、菲律宾、印度尼西亚及一些岛屿上，是澳大利亚的特产鸟类，在印度尼西亚也是国宝。

五·骨顶鸡的浮巢

鸟巢是鸟类生命的摇篮，对它们生儿育女有着重要的作用，鸟巢可以防止被孵的鸟卵不致滚落到地上，便于聚集在亲鸟的腹下；还可以保证鸟类在孵卵期间不受天敌的危害，对鸟卵和刚出壳的雏鸟也有保温作用，因此筑巢是鸟类繁殖成功的一个重要环节，一般任何鸟类都不会怠慢。

骨顶鸡是一种中型涉禽，它成群栖息在湖泊、河流一带，夏

季遍布我国北部许多地区，自东北至甘肃西北部，南到长江流域的大部分地区，冬季迁往长江以南区域越冬。它对环境的适应能力很强，能在西藏南部繁殖，也能在海南岛繁殖。

骨顶鸡筑巢不同于其他鸟类，它的巢筑在繁殖区内的湖泊、沼泽中。雌雄骨顶鸡齐心协力，把沼泽地内的芦苇、菖蒲、草茎等折弯，再与水生植物互相搭编成巢，巢里面铺上一些柔软的羽毛和衔来的水

草。关键是巢是漂浮在水面上的，可随着水的波动而上下浮沉，因此鸟类学家把这种巢称作水面浮巢。骨顶鸡的巢看上去像一个浮在水面的大草堆，中间有一个浅窝，雌鸡在这个舒适的浅窝内，产下 5 ～ 9 枚卵，卵土黄色，卵壳表面布满大小不等的黑褐色和暗灰色斑纹。

骨顶鸡体型很像鸭子，但跟鸭子攀不上亲，却与鹤亲缘关系很近，它属于鹤形目、秧鸡科。骨顶鸡的嘴不像鸭子那样扁，是尖直的，似鹤，最主要的特征是头小而颈长，腿、脚也细长，每

一趾周围都具有单独的蹼膜。翅短而圆，不善于远距离飞翔，却很善于游泳。骨顶鸡在宽阔的水面上游动时姿态独特，总是头颈前倾，脚一伸一缩地划水，像是帮助腿一块使劲一样，悠闲自如。一遇到惊吓，马上蹲伏在原地，或迅速躲进草丛间。但在陆地上骨顶鸡就不那么轻巧了，走起路

来一步一点头,有如漫步起舞,姿势很可笑。它们主要以水生昆虫、小鱼、小虾及植物为食,偶尔也吃一些谷物。

在我国,最常见的种类是白骨顶,全身近黑色,头顶有一块白色的骨甲,在阳光下闪闪发光而得名。每年春天聚集成上百或上千只的大群到我国北方水域繁殖,秋季再结群经我国东部广大地区迁往长江流域以南过冬,当地农民把大群迁飞的骨顶鸡称"鸭云"。

另一种体形较小的叫红骨顶,又叫黑水鸡,全身黑色,头顶的骨甲为鲜红橙色,下腹部有一大块白斑,有迁徙型、居留型之分。迁徙型的迁徙规律似白骨顶,夏季在北方繁殖,冬季到江南一带

越冬；留居型则常年生活在长江以南地区、台湾岛、海南岛和西藏南部等地。

六· 自造"洞房"的园丁鸟

园丁鸟，是个极富人情味的名字。难道它有园艺家和建筑师的才能吗？答案是肯定的，园丁鸟有着超越任何禽鸟的才干，能设计、建造富丽堂皇的花园"洞房"。园丁鸟羽色鲜艳，样子很像华丽的极乐鸟，体长 30 厘米左右，与八哥差不多大小。它们要么蓝眼白睛，要么黑睛金眶，各具美姿，千姿百态。园丁鸟属地栖鸟类，飞翔能力不强，适于在陆地上觅食和活动。

最富情趣的要数园丁鸟的求婚和结婚典礼了。到了繁殖季节，雄园丁鸟忙开了，它选择树根旁的一定面积作为自己的地盘，先清除杂草和杂物，然后到处搜集树枝、树叶、贝壳、

鱼骨、鲜花、果壳、鹅卵石和苔藓等材料，开始了浩大的营造花园庭院的工程。

第一步，建造自己的"洞房"，用收集到的树枝、树叶、果壳和鲜花等材料建成一个高大的亭房；亭房有出入口，分别建出前门、后门。

第二步，在墙上涂一层果酱和粉碳合成的"水泥"，使亭壁光洁而牢固。营造好的"洞房"高达 3 米，足可与人的房屋比高低了。

有了"洞房"还不足以吸引雌鸟前来成婚，雄园丁鸟还要花费很大的气力给"洞房"建造一个花园庭院，这是建造工程的第三步。雄园丁鸟会在前门的草丛中清理出一条"马路"，筑上篱垣，圈出园子，园子里栽上树枝或草茎，周围缀上从各处收集来的贝壳、花果，或鸟兽的羽毛、漂亮的鹅卵石；有的雄鸟还跑到城镇捡拾刀片、叉子、眼镜架、硬币、塑料片、首饰等闪光发亮的东西摆满自己的花园庭院。

庭院完工后，雄鸟在自己的花园内，口衔一枚青果，展开美丽的飞羽和冠羽，翩翩起舞，向雌鸟炫耀。雌鸟前来"参观"花园庭院，"欣赏"雄鸟的舞姿，"考虑着"自己是否满意这个伴侣。

由于园丁鸟不善鸣叫，豪华的求婚仪式似乎显得缺少点儿什么，此时正是园丁鸟的邻居——琴鸟的求偶期，琴鸟前来助兴了，它的悦耳歌声像是为园丁鸟们奏乐，祝贺它们幸福、相爱。

雌园丁鸟"相中"雄鸟后，双双在园中嬉戏，有的嘴衔花叶，一面左右抛投，一面转圈跳舞，犹如一场精彩的舞会。和谐的舞姿展示后，雌鸟就跟着雄鸟住进了精美舒适的"洞房"了。"蜜月"过后，雌鸟开始产卵。雌园丁鸟并不在亭园中产卵，而是飞入林中，

自己再去营造一个真正的鸟巢，巢筑好后产下 2～3 枚卵，便开始自己精心地孵儿育女了。

　　雄园丁鸟不管孵卵和育雏，而是继续不停地修葺自己的亭园，试图再次当"新郎"，时时展开它美丽的尾羽，不停地跳着求偶舞。"功夫不负有心人"，一个个雌鸟接踵而至，于是雄鸟就有了它的"二夫人""三夫人"。真是姜太公钓鱼愿者上钩，雄园丁鸟到底能俘获多少雌鸟的"芳心"，完全取决于"花园洞房"的吸引力了。

　　园丁鸟属雀形目、园丁鸟科，是澳大利亚的特产鸟类，以种子、浆果、蠕虫及昆虫为食，栖息在澳大利亚东部的热带森林中。园丁鸟曾经一度销声匿迹，后又于 1982 年在澳大利亚的新几内亚重新发现了它们，成为世界上珍稀的鸟类。它特殊的求偶行为和建筑"花园洞房"的才能是其他禽鸟无法比拟的。

第六章
田间天使

一·森林"医生"——啄木鸟

清晨漫步在树林中，你会听到哒哒哒的敲梆子声，声音清脆而有节奏，连续不断地震荡在寂静的园林中。如果你循声望去，会看到原来是啄木鸟起个大早，开始了一天的辛勤劳作。

啄木鸟是著名的森林"检查员"和病树的"医生"，每天清早起来，啄木鸟就忙着在林中进行"巡回医疗"，它们从一棵树飞到另一棵树，不停地用凿子似的长嘴为树木"叩诊"，笃、笃、笃……敲几下，然后侧过头来仔细地倾听树皮

下面有没有虫子爬动的声音，准确判断出虫子的藏身处。发现虫子就毫不留情地设法把它们吃掉。啄木鸟吃虫的办法可多了，它的舌头很特殊，又长又细，舌尖两旁有成排的倒钩刺，舌尖上还能分泌黏液，舌头一伸出，连粘带钩把虫子吃掉，绝不嘴软。要是树洞太深怎么办呢？不用担心，啄木鸟有绝招，它或是对树木略施"小手术"，或是在离

虫子不远的树干处拼命地敲击，虫子因恐惧而四处逃窜，逃到洞口被擒之，这就是人们称赞啄木鸟本领的"击鼓驱虫法"。

啄木鸟很善于攀树，它长着一对善攀缘的脚，脚趾不像一般鸟类那样是三趾向前一趾向后，而是等分的二趾向前，二趾向后，这样的脚有利于牢牢地抓住树皮不至于滑下来。除此之外，它还有适于攀树的楔形尾，坚硬而富有弹性，所以啄木鸟在树干上栖止、跳行或啄木时，不但能用爪抓住树皮，用尾羽支撑稳稳地栖止，还能灵巧地沿着树干前后左右跳动，自如地从一棵树到另一棵树，逐树忙碌地"诊治"。

到了繁殖季节，雄性啄木鸟常常使劲敲击腐朽的空树干，像

过去夜间更夫敲打梆子的声响，几里地之外都能听到。其实这不是啄虫，是为取悦雌性啄木鸟在炫耀自己呢！这期间，啄木鸟的鸣叫声也很频繁，简单而短促，

像尖锐的笛子声"滴—滴—"。

雌啄木鸟"相中"雄鸟后，便"成婚"筑巢。开始以雄鸟为主力，双双共同劳作。啄木鸟营树洞巢，完全是它们自己凿成，凿落到树洞中的碎木屑铺就成舒适的"产房"。雌啄木鸟产下的卵是纯白色并有光泽的，孵卵期相对较短，约需 10 ～ 14 天，但育雏期却较长，要 19 ～ 35 天，这一定与啄木鸟为雏鸟创造了安全舒适的树洞巢有关。

啄木鸟有啄洞本领，每年要凿几个洞，但只选择一个最安全舒适的作为自己的"产房"。它还有一个怪脾气，第1年用过的树洞第2年就不再用了。那么剩下的那么多的树洞有什么用呢？不必多虑，有许多像大山雀、麻雀等鸟类，特别喜欢住进树洞，在洞内孵育后代，但自己又没有凿洞的本领，啄木鸟丢弃的树洞就成了它们的"避难所"或生儿育女的安乐窝。真是"得来全不费功夫"，啄木鸟着实帮了大忙。

啄木鸟每天不停地啄树食虫。有人观察，一只啄木鸟每天敲击树干 500 ～ 600 次，如此连续的震动，啄木鸟会不会脑震荡？科学家们研究发现，啄木鸟大脑周围有一层骨骼，像海绵一样柔软，里面充满好多液体，脑壳外还有许多肌肉。当它啄树时，这些都起到了很好的消震作用。科学家们从啄木鸟身上得到了防震的启示，制作出了防震盔和安全帽。

啄木鸟在鸟类大家族中属䴕形目、啄木鸟科。全世界有 200 多种啄木鸟，分布于除南极、北极和大洋洲以外的许多地区，我国的森林里就栖居着各种各样的啄木鸟，达 28 种之多，如绿啄木鸟、大斑啄木鸟、白背啄木鸟、星头啄木鸟，以及体重较大的黑啄木鸟和非常特别的三趾啄木鸟。

(二)·灭蝗"专家"——燕鸻

多年来，蝗虫一直是农业上的一大害虫，一片长势良好的庄稼，一旦发生蝗灾，一夜之间就可能成为光裸的田地，后果是不堪设想的。长期以来人类与蝗虫做着不懈的斗争，而人类治蝗的最好帮手就是鸟类了。

许多鸟类是蝗虫的劲敌，它们在繁殖期或非繁殖期捕食蝗虫，如鸮形目、隼形目及雀形目的伯劳、喜鹊、乌鸦、卷尾、山雀等，在我国鸟类中称得上"捕蝗能手"的非燕鸻莫属了。

燕鸻身体比燕子略大，嘴短而宽阔，上体是棕灰褐色，下体胸部为棕色，腹部为白色，翅尖长，两翅折合起来超过尾羽，尾端分叉，尾上覆羽的白色非常明显，能在飞行中捕食昆虫，因在分类上属于鸻类，所以得名燕鸻。又因为燕鸻有将卵产在草地或

高粱地的沙土凹陷处的习性，民间又称其为"土燕子"。

　　燕鸻很善飞翔，飞行速度快，但一般飞得不很远，不过二三百米距离，繁殖季节它们成群结队地在空中飞行，最多时达百余只。有趣的是，它们常常绕半圆圈形飞行，互相追逐。燕鸻的鸣声很尖锐，好似"滴利—滴边—"，边飞边叫，飞行不停鸣声也不止。

　　每年3～4月，燕鸻由南方前来我国，飞到它在我国的繁殖地，北到东北，西至甘肃西北部、四川西部等处，以及沿海一带，此时这些地方的蝗虫数量还不多，它就以各种甲虫、蝼蛄、蜻蜓、地老虎等为食，到6月天气转热，蝗虫大量繁殖时，燕鸻就专门捕食蝗虫了。

　　燕鸻营巢非常简单，只在草地或田野沙土处，草草地用腹部碾成稍凹的浅窝，上面再铺垫少量的短草茎，就算大功告成了；雌鸟便开始在巢中产卵，一般每窝产卵2～5枚，呈沙白色或淡灰黄色，形似梨，上部有大小不等、形状不同的灰蓝、暗褐、紫色斑纹，色泽变化非常大。亲鸟孵卵很特别，它们早出晚归，白天靠阳光的热度孵化，只有到了晚上亲鸟才归巢孵卵。蝗虫营养丰富，是燕鸻育雏的好食料，雏鸟出壳后，亲鸟专门捕捉蝗虫喂养。

燕鸻在鸟类大家族中属鸻形目、燕鸻科，它是农业林业灭蝗的好帮手，蝗虫的克星，当然更是人类的好朋友，但是由于近年来杀虫药物的使用，燕鸻受到严重的危害，数量迅速减少，这真值得人类好好深思！

据统计，一只雏鸟平均每天约吞食90只蝗虫，一窝燕鸻按3～4只雏鸟计算，则每窝雏鸟1天可食270～360只蝗虫，连同亲鸟的食量算在一起，一天一窝燕鸻可吞食540只蝗虫。1个月内，亲鸟和雏鸟吃掉的蝗虫可达16200只，在4个月的繁殖期间，每窝燕鸻都可消灭65000只左右的蝗虫。每只蝗虫的体长按5厘米计算，一窝燕鸻在整个繁殖季节，所消灭的蝗虫首尾相接的排列起来可达3000米，真不愧是灭蝗"专家"。

三 · 果园小卫士——山雀

小小的山雀，娇小玲珑，体态轻盈，活泼可爱，经常活动在林区菜圃和果园，自动承担起园林的小卫士。它个性活泼，几乎整天不停地在果树间穿飞跳跃，忽儿从苹果树飞上梨树，忽儿又攀登或倒悬在桃树上，一边活动，一边啄食害虫，还不时地与同

伴打着招呼，发出悦耳的鸣声。山雀虽然常攀登在绿树枝头，却时刻用敏锐的目光注视着树干上每一个缝隙，一旦发现"敌情"，便飞向树干，用它那尖利的小嘴，啄食缝隙里的昆虫幼虫，甚至虫卵。虫子是山雀最爱吃的食物，别看它个子小，胃口可不小，因为好动，消化能力极强。据资料介绍，山雀每天啄食昆虫的重量相当于它自身的体重。山雀捕食昆虫的种类可多了，什么梨星毛虫、青刺蛾、金龟子、天牛幼虫、松毛虫等农林害虫都在它的食谱范围内，是著名的"果园卫士"。

冬天到了，草木、花叶枯萎，大地封冻，昆虫都冬眠了，这时一些仍然留居在此地的山雀怎样生活呢。不必担忧，它们依然是那样无忧无虑地在枝杈间蹦来跳去，踏落树上的积雪，仔细地查看每一个树干枝条缝隙，不轻易放弃每一个疑点，不让一个"敌人"漏网，甚至把包在厚实的茧中的虫子拖出来，一个个地吞食掉。

山雀生性不畏人，常常将巢筑在城镇公园、乡村周围的树洞中，即便亲鸟孵卵时也很"稳重"，人们用木棍干扰也不会轻易

银喉长尾山雀

离巢，亲鸟只是坐在巢中"呼呼"地发怒，所以山雀成为人们人工招引鸟类的理想对象，许多国家在林区果园利用悬挂人工巢箱的办法招引山雀，消灭农林害虫，都取得了显著的效果。

山雀是雀形目、山雀科的鸟类，产于我国的山雀种类很多，大多数是终年生活在某个地区的留鸟，在我国分布最广的有大山雀、沼泽山雀。

大山雀，常栖息在树枝头，发出"吁黑—吁黑—吁吁黑黑"的叫声，因而俗称"吁吁黑"。它是山雀科中体型最大的鸟，身体虽然比麻雀还小，但尾长却显得很长，上体绿灰色，腹部白色，正中有一黑色宽纵纹，像男人带着的领带；最明显的是头顶黑色，脸部洁白，所以又名白脸山雀。

大山雀每年3～8月繁殖，一年繁殖两窝，巢筑在距地面2～6米高的树洞、墙缝或山坡的洞穴中，巢内有苔藓、羽毛、兽毛、棉花、草茎、草根等物铺垫，一般每巢产卵6～13枚不等，卵白色，有红褐色细斑，雌雄亲鸟轮流孵卵，孵化期约15天，育雏期14～16天，雏鸟主要以"父母"叼来的松毛虫为食。

沼泽山雀比大山雀略小，俗称"吁吁红"，它是自然界的食虫益鸟，又是北京地区著名的笼养鸟，因为鸣声委婉动听，所以成了许多笼养歌鸟必有的"叫口"。

沼泽山雀头顶黑色，背部砂灰褐色，颏喉部黑色，

腹部白色而无黑色纵纹。沼泽山雀常与白脸山雀混群活动，要区分它们除体型大小、羽色之外，还可以听鸣叫声，沼泽山雀比大山雀鸣声细弱、清脆，呈多变的"呀呀红、呀呀红""呀呀汪汪""呀呀棍"，被养鸟爱好者誉为"教师鸟"。

（四）·菜农的"好帮手"——戴胜

走在田间的小路上，常常可以看到一种奇特的鸟在菜地里掘食虫子，一眼就可以看到那明显细长而弯曲的喙，还时不时展开成扇状的栗棕色羽冠，身披红棕色体羽配上洁白的横纹，显得羽色华丽而体态俊美，颇具风姿。古人因其有经常呈扇子一样的羽冠如戴花胜，便给它起了一个很文雅的名字——戴胜。

戴胜喜欢单独或成对栖息在开阔的原野、农田或森林边缘的树上，常常光顾菜园，在菜地上觅食，用它那细长而弯曲的尖嘴插入到土里，搜寻食物——虫子，经常是边寻找食物，边不时地仰头鸣叫；戴胜在田地里掘食的虫子多数是蔬菜害虫，如蝼蛄、行军虫、金龟子、步行甲、菁蛉虫等，不愧是菜农的好帮手。戴胜的名字可多了，比如由于它叫声很有

特色，是有节奏的"呼—哼—哼"声，由高而低，叫得极快，好似催促农夫春耕，所以有人叫它"呼哼哼"。因为它不仅有一身美丽的外衣，还有一个鸣叫时高高耸起的羽冠，能随着声声高鸣，像折扇一样启闭，所以又名"花蒲扇"；还有人因为戴胜很"懒惰"，在育雏期间不清理雏鸟粪便，越积越多，巢中臭气熏天，给它取名"臭姑鸪"。

戴胜是一种攀禽，属佛法僧目、戴胜科，每年5～6月繁殖，巢筑在森林里的天然洞穴或啄木鸟遗弃的树洞中，有的则营巢在岩缝、柴禾堆、断瓦颓垣的窟隙中，通常用枯枝杂草胡乱偎成一个简单的窝，用干草树皮和羽毛稍稍铺垫一下，有的巢甚至没有什么铺垫物，雌鸟即在窝内产卵，一般每巢产卵4～8枚，卵污白色，有时略带灰蓝色，孵卵任务完全由雌鸟担负。

戴胜的名称中有褒有贬，但它喜食昆虫，尤其喜欢到菜园、果园捕食各种农林害虫，本能地保卫着菜园、果园，可以说为农林业生产立下了"汗马功劳"，因此人类应加以保护。

据专家们研究，育雏期间戴胜有一个御敌的"秘密武器"——毒气弹，就是雌鸟尾部腺体能喷射出一种黑棕色的油状液体，气味奇臭，这一点说明戴胜"臭姑鸪"的名称，不仅仅是因为雌戴胜不爱清洁，从不打扫巢中卫生，还因为雌鸟的神秘毒气弹。

（五）· 老鼠的克星——猫头鹰

猫头鹰长得呆萌呆萌的，煞是可爱。鸟一样的身子，却有猫一样的脸庞，它昼伏夜出，行动鬼鬼祟祟，不时发出低沉而刺耳的鸣声，曾经受到人们的各种非议，比如"夜猫子进宅无事不来""不怕猫头鹰叫，就怕猫头鹰笑""丧门神""报丧鸟"等一系列贬义的说法，致使猫头鹰多年来一直蒙受"不白之冤"。

猫头鹰多数生活在山林里，有的也到平原村庄的屋顶或树枝上栖息。黎明时分，当其他一些鸟类刚刚睡醒，准备飞往田野去吃早餐的时候，猫头鹰则早已从山林里饱餐归来，带着几分倦意飞回林中去呼呼大睡了。

每到深夜，万籁俱寂，是猫头鹰最活跃的时间。它常常栖止在树枝上纹丝不动，双眼睁得大大的，警惕地注视着周围，站好"夜班岗"。一旦发现田鼠出洞，便以迅雷不及掩耳之势猛扑过去，用利爪抓住田鼠，用锐利的钩嘴钳住田鼠的后脑，然后将其整个吞下。如果田鼠太大，猫头鹰就将田鼠衔回树上，先撕开鼠的颈部，吞食鼠头、吸食鼠血，再掏空肠肚，最后把鼠的身躯连皮带毛一起吞下。过了大概2个小时，猫头鹰还会把难以消化的鼠毛、鼠骨卷聚成块——食物球吐出来。值得称道的是，猫头鹰即使吃饱了，见到田鼠仍然竭力追杀，宁可杀死后扔掉，也不轻易放过每一个夜间活动的鼠类，不让它们逍遥自在。

据鸟类学家们的研究，一般鸟类是"夜盲"，那么为什么猫头鹰能在夜间活动，还能在黑暗中准确无误地捕捉住老鼠呢？其

实就是因为猫头鹰有适于夜间活动的眼睛结构。与白天活动鸟类的眼睛不同，猫头鹰有一个双目夜视望远镜，它的眼睛很大，视网膜里有大量的能感知微弱光线的感光细胞，对非常弱的光线都能感知到。甚至有人认为，猫头鹰的眼睛能看见人的眼睛所不能看见的红外线及热线，再加上它的瞳孔很大，分辨率极高，所以即便在伸手不见五指的黑夜也能看清田鼠的踪迹。

猫头鹰的听力也是一级棒，它的耳孔是鸟类中最大的，四周布满褶皱和耳羽簇，有利于接收声波，因此，不论飞翔在空中还是栖息在枝头，对地面上田鼠的声音听得一清二楚，借助身体柔软的羽毛，在飞行中能"悄声"地、出其不意地捕捉到猎物。

跟其他猛禽一样，猫头鹰的繁殖情况与栖息地的食物量的变动有很大关系，产卵或不产卵，产卵数量的多少都受栖息地的食物数量的影响。生活在热带地区的种类一般每窝只产1～2枚卵，而生活在最北边北极地区的种类，每巢产卵达12枚。就是在同一地区，老鼠数量少的年份可能就不繁殖，而老鼠大量繁殖的年份，产卵数要比常年高1倍。猫头鹰喜欢在山崖的岩洞或树洞中筑巢，以草、毛羽等柔软物铺垫；卵纯白色带光泽，几乎近于球形。通常产下第1枚卵后，亲鸟便开始孵卵，接着产第2、第3枚甚至第4枚，因此雏鸟出壳有

先有后。

　　猫头鹰是一种猛禽，属鸮形目，广泛分布于我国的有红角鸮、雕鸮、长耳鸮和短耳鸮等。据鸟类学家们统计，一只猫头鹰在一年内可捕杀 600 只老鼠。如果每只老鼠按一年平均食用粮食 1 千克计算，那么一只猫头鹰一年就可以从鼠口中夺回粮食五六百千克。

　　猫头鹰是著名的农林益鸟，是灭鼠的"功臣"，人类的朋友，被列为国家二级保护动物；至于人们加给猫头鹰头上的那些莫须有的罪名，应该得到"正名"。

第七章

舌尖上的鸟类

一 · 家鸡和原鸡

  家鸡是人们熟悉的动物。鸡肉、鸡蛋已经是人们生活中的必不可少的营养食品。随着科学技术的发展，人们从对鸡肉、鸡蛋的各种需求出发，不断地改良家鸡的品质，培育出许许多多的家鸡品种。如供人们食肉用的肉鸡，以产蛋为主的产蛋鸡，药用品种的乌骨鸡，以及供玩赏用的斗鸡、元宝鸡、矮鸡等品种。家鸡不仅为人们提供了营养丰富的食品，在社会发展中也起到了重要的作用。

  提起家鸡的祖先原鸡，恐怕大家就不是很熟悉了。家鸡是由

野生的原鸡长期驯养培育而成的，原鸡比家鸡体型要小得多，一般不过 0.5～1 千克重。经过人类几千年的饲养驯化，采取种种科学技术手段，逐渐培育成现今的家鸡，并且培育出了各种各样的家鸡品种，比如卵用种来航鸡、肉用种九斤黄鸡、肉蛋兼用种洛岛红鸡等。

原鸡的样子和我国南方农村饲养的柴鸡很相似，仅体型稍小。雄性原鸡头顶上具有肉冠，喉下有肉垂，脸、颊、喉及颈的裸出部分浅红色，羽毛艳丽，上体多红色，后颈为金红色矛状长羽，显得细而长，披散在几乎覆盖着整个背部及两个翅膀覆羽的表面，放出金红色亮光。尾羽中央的一对羽毛很长，像拱形彩带一样随风飘扬，闪闪发光，雄姿美态，令人喜爱。雌性原鸡体型小，羽毛暗淡，肉冠和肉垂均不发达，尾羽较短，羽色像一般母家鸡，远不如公鸡华丽。

野生原鸡是热带林区鸟类，喜欢栖息在板栗林、次生林、阔叶混交林和灌木丛中，常常结成 6～10 只以上的小群活动，如同一个大的家族。原鸡在林间到处游荡觅食，但活动很有规律，一般清晨迎着初升的太阳便忙着四处觅食；中午，吃饱了的原鸡隐藏在林间阴凉的地方休息，有时还会洗"沙浴"；太阳落山后再次觅食。原鸡是杂食性的鸟类，不仅吃林场的果实、种子、

嫩芽、树叶、竹笋等，也喜欢吃蝗虫、甲虫、白蚁、蚯蚓等各种动物性食物，有时也到田间啄食谷粒、花生等。

在繁殖季节，雌雄原鸡形影不离，有时雄鸡为争夺配偶或占据地盘，相互争斗，毫不留情，甚至斗得头破血流。斗鸡就是人们依据原鸡好斗的习性培育出来，专供人们玩赏娱乐的。野生原鸡一年仅产两窝卵，每窝 6～8 枚，产蛋数量与卵用品种的家鸡相比，实在是相差太远。原鸡的巢常筑在灌木丛中树根旁，巢内铺满树叶。原鸡孵卵的任务跟家鸡一样由雌鸟担负，雏鸟为早成鸟，刚出壳的幼雏跟家鸡雏一样，有视力，能跟随亲鸟到处奔走觅食。

我国家鸡的祖先是红原鸡，现今在广西、云南和海南岛及印度北部、斯里兰卡等地的热带丛林和竹林中仍有栖息，但由于环境条件的恶化，人们的不断猎捕，使其数量日趋减少。斯里兰卡已将原鸡列为自己国家的国鸟，我国政府为保护原鸡也做了许多努力，已把红原鸡列为国家二级保护动物。

二·家鸭的祖先

到过动物园参观的朋友，如果细心观察的话，常能在饲养水禽的湖池中，见到一种头颈闪着绿色金属光泽的鸭子，在水上面随意游荡，它就是绿头鸭。

绿头鸭是一种候鸟，夏季在我国东北、内蒙古、青海、新疆和西藏等地繁殖，秋天南迁越冬。绿头鸭体重约 1 千克，雄鸭的

头和颈部翠绿色，闪着金
属光泽，两翅具有一紫蓝
色的块班，酷似镜子，称
为"翼镜"，翼镜上下镶
以白色边，尾羽外侧白色。
中央两枚黑色并向上卷取。
雌鸭体羽斑杂棕色，有黑

色斑缘，俗称麻鸭，虽然也是紫蓝色翼镜，但没有雄鸭鲜艳，体
型也较小。

绿头鸭生活在河流、湖泊、沼泽等水域中，属杂食性鸟类，
每年春季繁殖一次，多在沼泽地的芦苇或其他水草丛中做巢，每
窝产卵 8 ~ 11 枚，卵壳为纯的蓝灰色，雌鸭单独孵卵，孵化期
是 26 ~ 28 天。

绿头鸭是大家非常熟悉的家鸭的祖先，今天我们餐桌上的烤
鸭（北京鸭）、盐水鸭（湖鸭）等都是由绿头鸭长期饲养驯化培
育而成的。

家鸭的驯化是逐渐完成的，在家养条件下，经过数千年的繁
育和选择，逐渐培育而成。我国古代有许多关于家鸭驯化的文献，
最早的如《尸子》（公元前 475—前 221 年战国时期），记载有

"野鸭为凫，家鸭鹜"，是距今有 2000 多年的文字记载，而文字记载常落后于生产实践，由此推算，家鸭的驯化在我国至少有 3000 年的历史。

我国的鸭美食丰富，首当其冲的北京烤鸭已传播到世界各地，但要品尝地道的风味，还是要到北京的老字号烤鸭店，那是专门用北京鸭烤制而成的。另外，在我国南方，湖泊众多，水渠纵横，更是饲养家鸭的好场所，盛产各品种家鸭，以鸭肉为原料，精制而成的咸水鸭、板鸭等也是脍炙人口的美味佳肴。

画像	相同点	体重（kg）	形态特征
	雄鸭尾羽中央有两枚独特的卷曲尾羽	1	头和颈部翠绿色
		3～4	全身羽毛洁白，嘴、脚橘黄，头大，颈粗，背宽平

三 · 鹅与雁

说到能打能斗，拧人很疼的家禽，你一定猜到是鹅。鹅是常见的家禽之一，在我国饲养家鹅有着悠久的历史，公元前400年成书的《庄子》中，已有民间驯化饲养雁鹅的记载。我国有许多的家鹅品种，它们的特点是个体很大、肉厚，如我国广东的狮头鹅是世界有名的大型肉用鹅，雄鹅体重可达 10 ～ 12 千克，雌鹅9 ～ 10 千克；四川的白鹅、安徽的雁鹅、湖南的淑浦鹅、广东的黑鬃鹅等也都是优良品种。

世上本没有鹅，是我们人类经过多年的饲养驯化、演化而来的。鸟类学家研究后认为，我国的家鹅起源于野禽鸿雁，而欧洲的家鹅起源于灰雁，都是在人们漫长的精心饲养雁的过程中，驯化、选择、培育而成的，是人类智慧的结晶。

鸿雁在鸟类分类上属于雁形目、鸭科，其体型较大，体重2.5 ～ 4 千克，身体背部羽毛呈浅灰褐色，下体臀部近白色，飞羽为黑色，雄雁嘴的基部有一瘤状突起。

野生的鸿雁生活在河川、湖泊、沼泽等地，特别是植物丛生的水边，有时也到平原、山区和海湾等地活动。它们喜欢结群活动，许多只鸿雁一起在江河、湖泊中觅食、嬉戏，主要食各种草本植物，也吃贝类、螺等软体动物。

鸿雁是一种候鸟，每年春夏季生活在我国新疆、内蒙古、东北北部和西伯利亚一带，在那里婚配、繁育后代，而当秋风乍起、寒冬将至时，它们就成群结队，排成整齐的"一"字形或"人"字形队伍，浩浩荡荡地南迁到南方各地越冬。

鸿雁迁飞是由有经验的头雁带领，飞在前面的头雁扇动翅膀时，翅尖就会产生一股微弱的上升气流，排在后面的雁就可以利用这股上升气流，飞行时节省了体力。在长途迁徙的过程中，头雁就没有可借助的上升气流，很容易疲劳，因此雁群需要常常变换队形或更换头雁。

《史记·陈涉世家》关于陈涉的记载"燕雀安知鸿鹄之志"，意思是燕雀怎么能知道鸿鹄的远大志向，比喻平凡的人哪里知道英雄人物的志向。据考证鸿鹄指的就是鸿雁。

鹅，鹅，鹅，
曲项向天歌。
白毛浮绿水，
红掌拨清波。

（四）· 家鸽之源

飞鸽传信，这大概是鸽子与人类渊源吧！饲养家鸽，无论在世界各地，还是在我国境内都有着非常悠久的历史。我国南宋时，就有"鹁鸽飞腾绕帝都，暮收朝放费功夫，何如养个南来雁，沙漠能传二帝书"这样的诗句，来讽刺宋高宗不理朝政，沉湎于斗鸡养鸽中。

家鸽性情温顺，易与人类为友，被人们视为和平、友谊的象征，每当吉庆之日，人们常常喜欢放飞一群美丽的白鸽，作为和平的天使。

家鸽是由野生原鸽驯化培育而成的，原鸽是鸽形目、鸠鸽科的鸟，体型较一般家鸽稍小，体重仅 250 克左右，身体羽毛颜色很像常见的灰色家鸽，大部分为灰色和深灰色，颈部、上背和前胸有绿色和紫色金属光泽，两个翅膀各有一道黑色横斑。喜欢群居生活，主要以花生、豆类、小麦、谷子、稻子、高粱及一些植物的种子为食，不吃动物性食物，正如民间"燕子不吃落地，鸽子不吃出气"的谚语那样，它们是"素食鸟"。

原鸽在婚配上是有选择的，一旦结为夫妻，便形影不离，雌雄非常恩爱，对爱情忠贞不渝。雌鸽产下卵后，雌雄亲鸟轮换孵卵；雏鸽出壳后，父母又轮换育雏，以嗉囊中分泌的"鸽乳糜"哺育后代。

人类在数千年的养鸽历程中，不断地总结经验，用选种、杂交育种等方法逐渐地培育出了许许多多不同的家鸽品种。现在我

们饲养的家鸽品种，按其用途可分为三大类：观赏鸽、信鸽和肉鸽。

观赏鸽主要是供人们观赏和玩乐的，所以千姿百态，形形色色，有的羽色鲜艳华丽，如黑底白斑似雪的"雪花"，仅头、颈、尾黑色或紫色而全体白色的"两头鸟"；有的其形态特异，与众不同，如尾羽展开成扇状的"扇尾鸽"，胸部突出呈球状的"球胸鸽"，好像戴副眼镜的"眼镜鸽"，以及飞行中能在空中翻跟斗的"筋斗鸽"。

信鸽主要用来传递书信，尤其是在交通、通信工具不发达的古代，信鸽起到了非常重要的作用。在那个时代，从民间的家信到商业的行情及军事情报等，无不利用信鸽传递。我国古代就多次记录家鸽传递情报的故事，如张骞出使西域时，就曾用信鸽传递信息；唐代丞相张九龄幼年时经常用信鸽与亲友通信，并称信鸽为"飞奴"。

肉鸽，顾名思义是培育出供人们食肉用的家鸽。肉鸽的特点是比一般家鸽体型大，生长快，繁殖周期短，一月龄雏鸽即能上市，肉质嫩，色味俱优。随着经济的发展和人们生活水平的不断提高，开始讲究食物的营养价值，肉鸽是高蛋白、低脂肪、营养价值较高的食品，因此已越来越多地成为餐桌上

的美味佳肴。著名的品种有"落地王鸽""卡奴鸽""石岐鸽"等。养鸽业发展迅速，被人们称之为"空中的家禽"，现已成为世界上饲养最多的禽类之一。

五·名贵的营养滋补品——燕窝

鸟儿到了繁殖季节，要筑巢做窝、生儿育女。有趣的是，有的鸟窝也被人类开发成食品，燕窝就是其中之一，它是筵席上的珍品，曾与猴头、熊掌、鱼翅合称中国的四大名菜。燕窝富含蛋白质、糖类，易于消化，有润燥泽枯、生精益血、化痰止咳的功效，既是筵席上的佳肴，也是珍贵的营养滋补品。

燕窝不是一般燕子所做的巢，巢的主人属雨燕目、雨燕科中的一种叫金丝燕的鸟。金丝燕与我们常见的家燕不是一类，而且还是有着许多的不同，明显的鉴别特征是家燕等燕科鸟类脚趾是三趾向前、一趾向后，能正常地栖止于树上，尾叉形，翅膀合并时不超过尾端。而金丝燕，腿和脚非常纤细，四趾全向前，几乎不能在地面上行走，即使匍匐前进也很困难；翅膀特别发达，长而弯曲，合并时超过尾很多，尾部呈叉。

金丝燕的生活习性很特殊，几乎终日过着飞翔生活，很少休息，它们总是沿着海岸、岛屿飞行，在飞行中张开宽阔的大嘴捕食飞虫。

春季和夏季是金丝燕的繁殖季节，成千上万只的大群金丝燕聚集到岩洞中，小群也有200～300只，在岩洞中或海边的悬崖峭壁上筑巢。金丝燕的喉部具有特别发达的黏液腺，能分泌大量的胶黏性的唾液，通过吐出唾液，将巢材堆积和凝固在岩洞的石壁上，筑成白而透明的碗碟状、半圆形的巢，这就是佳肴——燕窝。做成这样一个燕窝，要花费一对金丝燕一个月呕心沥血的劳动，每年4～5月份，金丝燕产下2枚雪白色的鸟卵，开始孵卵和育雏。

　　金丝燕的巢常10～20个挤靠在一起互相连着，不过你不必担心它们会找不到自己的巢，金丝燕视觉极其敏锐，能在黑暗的岩洞中飞行自如，准确无误地找到自己的"家"。

　　金丝燕的繁殖季节，也正是当地渔民采集燕窝的季节；金丝燕筑巢在险峻的悬崖峭壁之上，因此采集十分困难。采集人身穿皮衣，头戴皮帽，身背竹篓，登上悬崖顶后，用粗绳把自己吊下，上面的人则拉紧绳索的另一端，若绳索万一断裂，采集者便会跌落悬崖，粉身碎骨。

　　当然，也有幸运者，曾在泰国和印度尼西亚的一些村镇，金丝燕偶然会看中那里的房屋顶层，在那儿做窝，房主就十分"幸运"地获得燕窝，轻而易举地得到一笔财富。

　　金丝燕筑巢习性跟其他雨燕不同，纯粹是用唾液筑巢，没有一点儿杂质，透明而又大又厚，是燕窝中的上品，称"官燕"。

如果最初筑的巢被人采集走了，金丝燕会匆匆地再次造巢，但是这次造的巢往往会掺杂绒羽、海藻，为赶在雌鸟产卵前住进"新家"，仅用十天半个月就完成了，这样的燕窝呈灰黑色，质地较差，叫"毛燕"；若第2次筑的巢又被人们采摘走了，金丝燕夜以继日地吐唾筑巢，这次的唾液就更少了，杂质就更多，往往混合着许多纤细的海草、柔软的植物纤维、羽毛等，甚至带有一些血色，人们称为"血窝"。有人认为血色是雨燕吐出的血丝，有人认为是周围铁矿的颜色。

　　金丝燕是热带鸟类，分布在东南亚及太平洋岛屿上，印度、马来西亚、泰国、缅甸等地都有它的踪迹，大多数是留鸟。雨燕有70余种，其中，有22种金丝燕的燕窝可食用。我国也有金丝燕分布，主要在西藏、四川、云南、湖北、贵州等地，如短嘴金丝燕，爪哇金丝燕。

　　如何平衡好人类的食用需求与保护鸟类的生态需要是我们应该重视的课题。

六 · 历代王朝贡品——飞龙

在我国古代，普通劳动人民每年都得向朝廷进献许多贡品，比如大米、酿酒、山珍野味、绫罗绸缎等，无所不有，其中就有美味珍禽——飞龙。飞龙由于肉味鲜美，营养丰富，成了历代王朝的贡品。

飞龙的学名是榛鸡，在鸟分类学上属于鸡形目、松鸡科家族，榛鸡以森林为家，春夏季喜欢在阔叶林和针阔混交林的深处生活；秋冬季节则愿意在林中河谷、道边的次生林和林缘地带活动，是温带森林中的名贵野味。

榛鸡的生活很有规律，每天天一亮就出来活动，寻觅食物，直到黄昏，到了夜间便栖息在林间的树枝上。榛鸡爱吃的食物种类很多，春季主要吃各种树木的芽、嫩枝、花和树叶；到了夏季食物就更丰富了，除了吃植物的叶、花、果实、种子之外，也吃一些昆虫；冬季冰雪覆盖，食物匮乏，只好吃桦树、杨树的嫩枝、松子及橡子，或是吃一些木贼、冬青等。榛鸡的食物范围很广，而且可以随季节的不同寻找不同的食物，这在鸟类中还是很少见的。

榛鸡生性较随和，爱合群，常常十余只一起活动、觅食，并且彼此保持一定的距离，互相以鸣声联系、照应。一旦遇到危险，就伸长脖子，看看周围的动静，再逃跑或飞走，但榛鸡并不善于飞翔，一次最多飞 50 米远。

花尾榛鸡

　　每年4～5月是榛鸡求偶、结婚、育子的时期，通常是雄鸡占据一定的巢区，为争夺配偶和地盘进行格斗，而雌鸡则"坐山观虎斗"，哪一方胜利便可获得雌鸡的"芳心"。榛鸡筑的巢很简陋，选择一个林间地面的凹洼处，用枯枝、干草、松针、落叶铺垫好即告完工。雌鸡便在这简陋的巢中产下12枚卵；雌鸡的抱窝性很强，从不轻易离去，经过20多天的孵化，大约6月初雏鸟便出壳了。雏鸟属早成雏，羽毛干后便可走动，很快就能独立觅食。

　　冬天，长白山地区大雪覆盖，白天榛鸡出来在树上活动觅食，晚上只好夜宿在地面的雪窝中，这段时间是榛鸡最艰苦、难挨的日子。榛鸡分布在欧亚大陆和北美大陆北部，在亚洲分布在俄罗斯的西伯利亚、蒙古、朝鲜、日本北部和我国东北等地。我国能见到两种，

一种是仅分布在甘肃省的斑尾榛鸡，属国家一级保护鸟类；这是我国的特产；另一种是广泛分布在我国东北的花尾榛鸡，属国家二级保护动物鸟类。

古代的王朝贡品飞龙指的是花尾榛鸡，身体似山鹑大小，羽毛棕褐色，头顶有棕黑色冠羽，颏喉部黑色，下体有白色及黑色的斑块，尾呈花斑状。由于近年来榛鸡生存环境的破坏，加上人类滥捕滥猎，使本来分布区域就比较狭窄的榛鸡数量逐年减少，为了更好地保护野生资源，应严格限制猎捕，以期种群的壮大。

（七）· 滋补品中的鸟——毛鸡

毛鸡酒是我国南方的著名药用酒，对通经、通乳、祛风湿、手脚麻木等有一定的疗效，与乌鸡白凤丸有着相似的功效，滋补养阴，活血补肾。毛鸡酒盛产在广东、广西一带，远销东南亚等地区，是南方人民传统的妇科良药。

毛鸡酒是将褐翅鸦鹃和小鸦鹃经酒浸制，配入党参、川芎、白芷、苁蓉、圆肉、黄精、大枣等中草药后密封 3 个月而制成的。至于鸟的处理方法，一种是用干毛鸡浸在温水中洗净晾干，再浸入酒中，加上入味中草药；另一种是活毛鸡杀死，去掉羽毛，除去内脏，洗净晾干后，用炭火烤毛鸡的胸腹里面，至有香味、肉色变成栗色为止，然后再泡入白酒中。

褐翅鸦鹃和小鸦鹃都分布在我国东南地区，终年留居在那里，是一种留鸟。由于褐翅鸦鹃体形较大，似鸡，人们称它是大毛鸡；小鸦鹃，体色和形态与大毛鸡相似，体形较小，民间俗称小毛鸡。

大小毛鸡在鸟分类学上是同属鹃形目、杜鹃科的鸟类。杜鹃科中的许多种类是人们常说的"无情无义"鸟，即有"巢寄生"现象，但鸦鹃却是例外，雌雄亲鸟共同营巢和抚育后代，巢筑在灌丛中，每巢产2枚卵，卵白色而有光泽，很像家鸽卵。

毛鸡体形似喜鹊，羽毛大部分是黑色的，两翅较短，红褐色，有长长的尾巴。它们栖息在丘陵、山地、平原的灌丛、草丛中，或者小溪边的苇丛中，常常是单独活动。每年的4～9月是它们

小鸦鹃

的繁殖季节，雄毛鸡以鸣叫声引诱雌鸟，尤其在清晨和黄昏，鸣叫更是连绵不绝，引诱来的雌鸟若"有意"，便与雄鸟结为配偶，并生活在一起。猎人便是利用这一特点猎捕毛鸡的，他们往往模仿雄鸟鸣叫声，将毛鸡诱来猎杀，或是驯养一只雄性毛鸡作为"媒鸟"，引诱毛鸡进入事先准备好的打笼中而捕捉之。

人们对毛鸡的需求，目前还停留在直接向自然界索取的阶段。自然界的野生资源是有限的，在20世纪五六十年代，毛鸡在广东、广西、福建等地数量还颇多，达数十万只，而到了七八十年代数量已锐减，因此从长远来看，一方面是减少人们对毛鸡的需求，合理利用野生鸟类资源，在毛鸡的繁殖季节要禁止滥捕滥杀，

保持自然界中毛鸡的数量，仅在其他季节方可进行适量的猎捕；另一方面，需要开发毛鸡养殖业，这样才能保护野生毛鸡不至于灭绝。

红枣

龙眼肉

红毛鸡

八角

白芷

陈皮

菊花

丁香

八·鹌鹑

　　鹌鹑是在草原上繁殖的一种小型野禽，它外形酷似雏鸡，头小尾秃，所以有"秃尾巴鹌鹑"之称。鹌鹑全身羽毛赤褐色，有淡黄色纵纹，腹部灰白色，眼睛上方有粗而明显的白色眉纹；鹌鹑的腿脚非常强健，能在地面上快速窜行。它生性胆小，白天躲在草丛中，只有清晨和晚上才敢出来活动，以粗钝的爪扒土，寻食杂草种子、植物的嫩叶、嫩枝，有时也吃昆虫及小动物。遇到惊吓就潜伏在草丛中，一动不动，以带条纹的保护色迷惑天敌。鹌鹑的翅膀短而圆，通常仅能短距离的飞行。

　　春夏季鹌鹑在西伯利亚、朝鲜、蒙古及我国东北繁殖，秋冬季节结成大群，向南迁徙到河北以南各地过冬。迁徙过程中，夜间也不停止飞行，偶尔遇到狂风或暴风雪的天气，常常会发生碰到电线等物体上撞死的情况。在我国东北地区，人们常在这样的天气去捡拾鹌鹑，

有时能捡到上百只，真可谓"守株待鹑"。

鹌鹑喜欢栖息在山边和空旷平原的溪流、灌木丛中，以及沼泽地边缘的草丛中，春天开始繁殖，繁殖期间雄鸟会为争夺自己的配偶而进行格斗。我国早在古代就非常熟悉鹌鹑的这一习性，因而有"斗鹌鹑"的民间娱乐活动。到了宋徽宗时期，已发展到有人专门饲养善斗的鹌鹑供人们玩耍。

繁殖季格斗后的胜利者自豪地带着配偶去草地上挖坑筑巢了，失败者只好退出领地另寻"佳人"。鹌鹑巢的直径大约在十厘米内，铺垫草叶等柔软物。简陋

的"产房"布置好后，雌鹌鹑便开始产卵，每窝产 7～14 枚，卵为黄褐色，上面布有黑褐色块斑。鹌鹑的卵壳有些特殊，壳表面的色彩斑纹一经冲洗很容易褪去，这在鸟类中并不多见。

鹌鹑分布广，数量多，属鸡形目、雉科，是驰名的营养滋补品和药用禽类，营养、经济价值都很高。鹌鹑肉的蛋白质含量高达 24.3%，比鸡肉含量要高 40%，还含有维生素 B1、B2、A 和铁、钙、磷等矿物质，而脂肪、胆固醇含量却较低。鹌鹑肉食而不腻，常食用可补五脏，耐寒暑，壮筋骨，消结热，是高血压、血管硬化、结核病人的食疗之品，有"动物人参"之美誉。鹌鹑蛋更是滋补品中的精品，蛋白质含量 13.43%，比鸡蛋高 3%；铁的含量 46.1%；更值得一提的是鹌鹑蛋中富含卵磷脂，是人类高级神经活动不可缺少的营养物质。

鹌鹑与人们生活关系如此密切，要满足人们的需求，光靠野外猎捕是不够的，对野生动物的保护很不利，因此要大力发展鹌

鹑养殖业。我国饲养食用鹌鹑也有 2000 多年的历史，如今已发展成产业，广州、浙江等地都有了大规模的鹌鹑饲养场，1982 年仅广州白云山农场就养有 1 万余只鹌鹑，目前饲养量已达 2 亿只，占世界饲养量的 1/5，我国已成为世界第一养鹑大国，让这种高级滋补品也飞进了寻常百姓家中。

九·禾花酒

禾花酒是著名的广西特产，是以禾花雀为主要原料，加上当归、枸杞、圆肉、菟丝子等中药，浸入白酒中 3 ～ 6 个月而成的橙黄色药酒，气味芳香，主要治疗腰酸腿疼、风湿关节炎，老人气血两亏、四肢疲劳乏力、头晕目眩等病症，但有高血压心脏病的患者不宜服用。

禾花酒中的主要原料禾花雀是一种野生雀类，学名叫黄胸鹀，属于雀形目、雀科家族的鸟类，在我国境内比较常见，北方人常称为黄胆、黄胆囊，而广东、广西等南方地区的人给它起了个好听的名字——禾花雀。

禾花雀的体型很像麻雀，但比麻雀稍小，体重仅有 20 ～ 30 克重，头部和背部羽毛栗褐色，胸腹部鲜黄色，稍带

绿彩，很漂亮；嘴粗壮，适于啄食谷粒，春秋季节吃大量的谷物种子，给农业生产带来一定的影响；而繁殖期间却大量啄食昆虫，据观察，禾花雀每巢4个雏鸟，一天就要吃掉700～900条虫子，对农业生产也有一定的益处。

禾花雀是一种候鸟，每年春天它们结群由南方北上，到我国东北、内蒙古、河北的草原上或林区灌木丛中繁殖，秋天再集群南下，到我国广东、广西、海南岛等地度过寒冷的冬天，也有的再向南到印度、越南等地迁徙或越冬。期间它们的群体小的有几十只，大到数百、上万只，迁徙中飞飞停停，每到一个地方，便要停上几天，啄食大量成熟的稻谷。这个时期可以适量猎捕，这样既减少粮食作物的损失，又可满足人们食用等的需求。

禾花雀每年5～7月繁殖，雌雄成鸟寻找一个沼泽地面较高的草丛中，扒一个浅坑，里面再用胎草、蓑草等细草编织成浅杯状巢，巢的边缘与地面一样高，巢内还常有兽毛。舒适的巢造好后，雌鸟便在巢中产下5枚卵，灰绿色的卵壳上布满稀疏的青褐色斑块和斑纹，卵重约2.3克。

禾花雀是一种小型的经济鸟类，既有药用价值，又有食用价值。广东有一道名菜焗禾花雀，就是利用禾花雀的肉质鲜嫩，骨脆肥美的特点，经焗制烹调而成的。这道菜确实是味美色香，营养丰富，别有一番风味，深受广大食客的厚爱。常食用禾花雀，有通经络、壮筋骨的滋补作用，有"天上人参"之说。

禾花雀曾经还是一种漫山遍野的野鸟，每年迁到南方越冬，我国南方的"禾花雀宴"就开始了对禾花雀的捕捉。方法很是野

蛮，当南下迁飞的禾花雀经过广东、广西等地时，它们昼飞夜伏，常夜宿在河边的芒草丛中，由于数量多很醒目，当地人发现后将网张在事先看好的栖宿地附近。天黑后待禾花雀宿稳，人们便放起鞭炮来，刹那间，禾花雀被惊得乱飞。由于光线暗，视力弱，大多数乱撞到网上，人们在迅速收网浸没在水中，禾花雀便一命呜呼了。在禾花雀多的年份，利用这种方法，一夜间可捕到数百乃至上千只禾花雀。

正是由于人们对禾花雀的狂热，黄胸鹀即将成为百年来第一个被吃绝种的生物，尤其是这10多年来人们把一种随处可见的鸟儿吃到灭绝的边缘。现今黄胸鹀已正式被国际三联盟列入极危物种。只有加强对黄胸鹀的研究，在禁止滥捕滥杀、保护好种群的基础上，人工繁育并建立大规模的禾花雀饲养场，才能协调好保护物种与适当满足人们对禾花雀需求的关系。

十 · 乌鸡白凤丸

乌鸡白凤丸是古往今来享有盛誉的妇科良药，具有补肾、益气养血、退虚热、调经止带的功效。乌鸡白凤丸是以乌骨鸡为主要原料，加入黄芩、茯苓、当归、地黄、人参、香附、白芍、生地、川芎等多味中草药配制而成的，如今医学科学的发展，人们又研制出了以乌骨鸡为主要原料的中华乌鸡精、十全乌鸡精等饮品，常常食用，可养颜益寿。

乌骨鸡是我国的特产家禽，也是国际著名的观赏型鸡。乌骨鸡原产在我国的江西省泰和县、福建省泉州市和闽南沿海等地区，最早见于江西泰和县，故又有泰和鸡之称，又由于它全身披白色丝状的绒毛，人们也常叫它丝毛乌骨鸡、白绒鸡。

乌骨鸡外貌很美，与许多家鸡不同的是，它满身披洁白如雪的羽毛，羽毛呈丝状绒羽，头顶有高耸着绒球一般的白色冠帽，配上形、色皆似桑椹的肉质冠，绿色的肉质耳叶，稍沾紫蓝色，显得雍容华贵、典雅大方。除此之外，乌骨鸡的脚也很特殊，不仅生有羽毛，而且具有五趾，这在鸟类中是独特的。而有趣的是，乌骨鸡名称的来源，不仅因为它皮是黑色的，就连骨头、肉也是黑色的，总之概括起来乌骨鸡有十大特征：桑椹冠、缨头、绿耳、颔须、丝毛、五爪、毛脚、乌骨、乌肉、乌皮。

乌骨鸡不仅外形奇特美观，性情也很温顺。与其他家鸡品种相比较，飞翔能力不强，觅食能力较差，喜欢在草地和竹荫下活

动，扒食各种昆虫和蚂蚁。但它的抱窝能力很强，鸟类学家们常把乌骨鸡作为"保姆鸟"用于孵化其他家禽、野禽，甚至一些珍稀鸟类的卵，乌骨鸡就曾经为人工孵化世界珍禽朱鹮做出过贡献。

乌骨鸡肉质好，又是著名的药用禽类，我国人民很早就开始大批饲养乌骨鸡了。明朝以前人们就已用乌骨鸡治病，这在李时珍的《本草纲目》中有详细记载。乌骨鸡还是我国著名的古代鸡种之一，它的羽毛颜色也有黑色的，人们叫黑毛乌鸡，但多数人喜欢饲养白毛乌骨鸡，乌骨鸡体内有浓厚的黑色素和多种氨基酸，日常食用也能增加人体的血球和血色素，深受大家的喜爱。

第八章

爱宠图鉴——笼鸟

一 · 画眉

画眉是著名的玩赏鸟，有"歌王"之称。它不仅鸣声委婉动听，音色浑厚甜美，韵律多变，而且善模仿鸡、狗、燕子等鸟兽的鸣叫声，甚至旧时人们使用的独轮车车轴转

动的声音，都能模仿得惟妙惟肖。画眉的歌声虽不及百灵那样柔声善变，却也独具魅力。

画眉的体色跟它的音色相比稍显逊色。它身披并不算美丽的橄榄褐色羽衣，头顶和背部略深一些，下体浅淡；腹部中央夹一灰白色带斑；具特色的是有一个白色眼圈，而且白眼圈向后延伸，由粗变细，好像人工用白色油彩画上去的，因此得名"画眉"。

自然界的画眉性情孤僻，喜欢单独活动，常隐匿在山丘灌丛或村落附近的树林、竹丛中，秋冬季节常结成小群活动，站在树梢、枝杈间引吭高歌，特别是在清晨和傍晚时分。画眉食性比较杂，最爱吃昆虫，像蝗虫、蝽象、金龟子、黄粉甲等都是它的美味佳肴，秋冬季节昆虫减少，也吃一定量的植物种子和果实。

4～7月是画眉的繁殖期，每到这个时期，雄鸟就变得非常暴躁，争强好胜，用悦耳的歌声吸引雌鸟；结成配偶后便形影不离，占据一个山头。如若这时有"第三者"进入它的领地，雄鸟会不顾一切地上前驱逐，甚至撕斗，直至将"入侵者"赶出自己的领地才善罢甘休。

画眉的巢一般筑在地面草丛中或树林中的小树上，巢呈杯状，用树叶、竹叶、杂草等编织而成，里面的铺垫物是细草、松针。通常每年产两窝，每窝3～5枚，卵呈椭圆形，卵壳是宝石蓝绿色或玉蓝色，晶莹可爱。

画眉属雀形目、鹟科，广泛分布于我国甘肃东部、陕西南部、湖北、

自然界画眉数量逐年减少的原因有二：一是由于人工饲养条件下画眉很难繁殖成功，势必造成在野外大量捕捉画眉，满足养鸟者的需求；二是由于只有雄性画眉善鸣叫，饲养者只选择雄性进行饲养，野外大量捕捉雄性画眉，造成野外画眉雌雄比例的失调，不利于物种多样性的保护。

四川、云南以东的华东地区和台湾、海南岛等地，在各地都是常年定居的留鸟。全世界有鹛类46种，而产于我国境内的就达33种之多，因此我国有"鹛类王国"之称。

画眉是我国的特产鸟类，是驰名中外的"歌唱家"，自古以来就享有盛誉，深受广大养鸟爱好者的喜爱。我国是饲养画眉最早的国家，养鸟爱好者在长期的饲养过程中积累了丰富的经验，总结出一整套饲养、训练、调教的方法。令人遗憾的是，画眉在人工饲养下始终未能繁殖成功。

我国养鸟爱好者对饲养画眉情有独钟，有研究兴趣的读者可以探究一下怎样才能平衡好保护自然物种和满足人们饲养画眉的需求？是加强画眉的人工繁殖研究还是禁止人们饲养画眉？

二 · 情深义重的红嘴相思鸟

性情活泼的红嘴相思鸟在国内已久负盛名。相思鸟并不像画眉、百灵那样以名"声"取悦于人，人们更欣赏的是它那鲜艳的羽毛和忠贞不贰的感情。它们雌雄形影不离，在栖杠上互相亲近

的动作引起人们的极大兴趣，被视为忠贞爱情的象征，常作为结婚礼品馈赠。

传说，相思鸟雌雄之间有着浓厚的感情，一旦结为伴侣就终身相依，彼此不分离；若其中一只鸟不幸夭亡，另一只鸟也就不再另寻新欢，甚至还会因怀念旧侣而不思饮食，甚至饿死。

红嘴相思鸟的确是很漂亮的鸟，嘴鲜红色，脸蛋黄色，上体橄榄绿色，胸部橙黄色，两翅有明显的红黄色斑块，尾黑色，明亮的眼睛有一个白色的眼圈，显得格外精神，妩媚动人。

相思鸟在我国分布比较广，主要在长江流域及长江流域以南地区，如浙江、江苏、安徽、四川、江西、福建、云南等省都能见到，是当地的留鸟。红嘴相思鸟喜欢生活在丛林地带，栖息在常绿阔叶林或竹林里。它生性活泼好动，一会儿飞到树冠觅食，一会儿又飞到丛林里啄食，偶尔也跳到地面上寻觅各种昆虫及植物的果实与种子。

每年4月下旬到6月是红嘴相思鸟的繁殖期，它将巢营筑在丛林中的荆棘上或矮树上，离地面很近，不过0.5～1米；巢呈深杯状，以叶梗、竹叶、草为材料，里面辅以细根或草等柔软物质。雌鸟每产3～5枚卵，卵壳绿白色或浅绿蓝色，散布有暗斑。

红嘴相思鸟虽是以羽色华艳、动作活泼、姿态优美博得人们的喜爱，其实红嘴相思鸟雄鸟的鸣啭还是很好听的，只不过显得比较单调，也不善模仿其他鸟鸣或兽叫声，因此人们饲养红嘴相思鸟常常喜欢成对饲养，欣赏它们之间相互依偎、理羽、亲密无间的情趣。

饲养红嘴相思鸟其实并不难，南方北方都能饲养。北方一般以鸡蛋米或蛋黄搓玉米面为主食。南方则以烤干的玉米面加生鸡蛋，再加花生粉为主食。除此之外，还应经常喂些水果、昆虫幼虫或牛羊肉末。在水果中，红嘴相思鸟最喜欢吃苹果。日常饲养管理要细心，特别是相思鸟消化道很短，食物通过很快，吃得多，拉得多，粪便多而稀，因此每隔2～3天就要清刷一次笼底。相思鸟很爱干净，爱清洁，喜欢水浴，因此，还要经常供给洗浴水。

红嘴相思鸟，属雀形目、鹟科、画眉亚科，是很受人们喜爱的笼养鸟，在国外的声誉远比国内高，东亚、西亚各国常把它作为结婚礼品馈赠，以祝愿新婚夫妇爱情长久。

常见的还有银耳相思鸟，头顶黑色，耳羽银灰色，外侧飞羽橙黄色，基部朱红色，极为鲜艳、醒目。也是人们喜爱的笼养鸟。

三·点颏

点颏（靛颏）是以雄鸟的额喉部有鲜亮的颜色而著称。人们喜欢饲养的点颏有两种：一种是红点颏，额喉部颜色为鲜红色，并带有一个亮白圈，俗称红脖；另一种是蓝点颏，

额喉部颜色主要为灰蓝色，俗称蓝脖、蓝喉歌鸲。红点颏和蓝点颏统称为点颏（靛颏），它们都是人们喜爱的歌唱笼鸟。由于它们在自然界主要吃虫子，所以较难饲养，点颏的寿命也比较短，能在人工饲养下存活 5 年以上的并不多。

点颏属于雀形目、鹟科的鸟类，身体羽毛颜色很平淡，上体褐色，下体白色，但雄鸟的额喉部都具有鲜艳的色彩，而且有悦耳的歌喉，鸣叫时翻翅翘尾，姿态十分优美。当然，人们饲养的多是雄鸟，跟其他歌鸟如画眉、百灵不同的是，它不仅白天鸣叫，更喜欢黄昏，以至月夜不停地歌唱。

在自然界，点颏生活在平原，喜于在繁茂的树丛、竹丛或芦

苇丛间跳跃，有时也在附近地面、农田菜地里奔跑，但都距水源不远，边走边在地上觅食，主要吃直翅目、半翅目、膜翅目等昆虫及幼虫，也吃少量的植物果实、种子。

饲养点颏，对于初学养鸟的人来说并不是件容易的事，最好

选择秋天捕到的幼鸟，因为它适应性较强，比较容易饲养，寿命也长，一旦成活，起码能鸣叫冬春两季。我国饲养点颏的笼子很讲究，都是竹制圆笼，笼底部没有一般软食鸟的托粪板，是吸湿性较强的布垫，因为它们的粪便稀而量少。

饲养点颏喂以混合粉料，可以把绿豆面、玉米面、熟鸡蛋黄、淡水鱼粉按5：2：2：1的比例混合搓匀后晾干，再加上适量的禽用添加剂，每天不但要保持有新鲜的粉料，还要喂以软食，就是把粉料加上牛羊肉末、菜末和水调成粥状。

点颏的调教也不容易，对于新捕来的野鸟，需要将鸟的两侧翅膀最外侧的5枚飞羽在腰部交叉，然后用棉线结扎，并把其他飞羽翻到结扎处的上方，以防止羽毛损伤，减少因乱撞乱碰造成体力消耗，俗称"捆绑膀"。把捆绑的鸟放入笼中，用笼套罩好，以保持环境昏暗，喂给少许的软食，上面还要放几条面粉虫，暂时不给粉料和饮水，将鸟笼放在安静的地方，隔1～2小时看1次。看到软食干了就加点水，如果虫子被吃掉了，就再放上一些切成小段儿的虫子。

红点颏

眉纹白色，颏部、喉部鲜红色。

蓝点颏

也叫蓝喉歌鸲，颏部、喉部灰蓝色，下面有黑色横纹。

　　若发现软食表面有一个个鸟啄食的"坑"，或已经失去了许多，表明野生点颏已"认食"了，再过两到三天就可以打开笼套悬挂起来，一周后可给粉料和饮水，但软食还不能撤，只不过一天天逐渐减少喂的软食量。

　　换过食的鸟要精心管理，每天喂新鲜的饲料和清洁的饮水，尤其是夏季以免染病，2～3天清一次布垫和栖杠，防止点颏的粪便腐蚀、污染脚趾，造成足趾脱落。点颏特别喜欢水浴，但不要太频繁，尤其是冬季。

　　换羽时期是饲养点颏的关键时期，管理上要特别注意多供给活的动物性饲料，要经常清晨遛鸟，遛鸟时把笼罩去掉，亮开笼底贴着草搭露水，这样做不但有助于点颏换羽，而且脱换出的新羽毛又干净又漂亮。

（四）· 金丝雀

　　金丝雀是许多家庭喜欢饲养的一种观赏鸟，它体态娇小活泼，鸣声悦耳，性情也很温顺，所以深受人们的喜爱。金丝雀是雀形目、雀科的鸟，人工培育品种很多，人们给它起了许多美丽的名字，如芙蓉鸟、玉鸟、白玉等。

　　金丝雀现在已经成为著名的家养鸟，为世界各地人们广泛地饲养玩赏。野生的金丝雀原产在非洲西北海岸的加纳利、马狄拿、爱苏利兹等岛屿上，它的体形很像我国常见的鹀类，身披黄绿色羽衣，有暗褐色的斑纹，颜色远不如现在家养的金丝雀那么鲜艳漂亮，鸣声也没有那样婉转多变。15世纪金丝雀被带到欧洲，经过多年饲养驯化成家养鸟，并培育出一些人工品种供人们玩赏，著名的如德国培育出的颤音金丝雀，美国培育出的橘红金丝雀，日本培育出的卷毛金丝雀，英国培育出的月牙金丝雀、蛇形金丝雀和我国山东省培育出的山东金丝雀。

要想欣赏金丝雀的姿态和鸣叫，最好用专门的金丝雀笼，单只饲养雄性。金丝雀喜欢吃含脂肪高的植物种子，但人工饲养下不能喂得过多，平常可以把稗子、谷子、苏子以 5：4：1 的比例混合喂养；冬季天气渐冷，可以适当增加苏子的比例。另外，还要经常喂一些叶菜、瓜果。金丝雀特别喜欢水浴，夏天隔日供给一次浴水，洗浴后立即取出，并保持水罐的饮水新鲜，春秋季要挂在阳光下晒日光浴，寒冷的冬天就要隔两天洗一次澡了。

要使金丝雀繁殖，还需要下一番功夫，要在繁殖笼中成对饲养，繁殖笼一般比较大，多为长方形或立方形，笼的后上方有能安置巢筐的板式架，以便安置编织成的碗状巢，在繁殖期要保持环境的安静。

人工饲养的金丝雀一年四季都可以繁殖，但在我国的气候条件下，应尽量避开酷热潮湿的盛夏。夏天过后，天气渐渐凉爽就应着手繁殖的准备，比如为雌鸟选择一个年龄稍大、颜色较浅的配偶；消毒清洗一切用具，安上巢，换上新的巢材和栖杠，补充营养丰富的鸡蛋小米。配对的方法是先将雌鸟放入繁殖笼中，再把雄鸟放在笼旁，如果雄鸟不停地鸣叫跳来蹦去，雌鸟也很活跃，表明它们已情投意合，即可"成婚"。

　　"合笼"的雌雄金丝雀在一起生活后，就忙着营造自己的小窝。鸟妈妈更忙了，刚造好巢便开始产卵，每天或隔日产 1 枚，通常一窝 4～6 枚卵，约产第 3 枚卵时，鸟妈妈就正式孵卵了。有时鸟爸爸会去"捣乱"，好像要帮助鸟妈妈孵卵，但常被赶出巢外。发现这种现象就要将鸟爸爸暂时清出繁殖笼，让鸟妈妈安心孵卵，孵化期 15～16 天，这期间要停止供给洗澡水，尽量保持环境安静。

　　发现有卵壳掉下巢，表明雏鸟出壳了。出壳后的雏鸟需要亲鸟喂养，直到能自己取食才能与亲鸟分开，大概要 30 天。育雏期间要充分供给鸡蛋小米、熟鸡蛋、蔬菜、水果等饲料，以保证雏鸟健康成长。

　　饲养者如果有兴趣，还可以教自己心爱的金丝雀学其他鸟鸣叫。金丝雀模仿其他鸟的鸣叫仅限于幼鸟时期，因此要将自己会吃食的幼鸟与亲鸟分开，让它们跟"教师鸟"学习鸣叫。一般情况下第一次换羽后的幼鸟就不再会学叫了。

　　金丝雀的雌雄从外观上难以识别，需要根据鸣叫或泄殖腔突起的形状来判断。雄鸟鸣叫时常常挺起胸脯，竖直身体，喉部鼓起连续颤动；雌鸟鸣叫时，姿态与平常一样，喉部只是一上一下的稍动；雄鸟的泄殖腔突起呈锥状，而雌鸟的泄殖腔突起较平，成馒头状。

五 · 虎皮鹦鹉

虎皮鹦鹉羽色华丽，姿态优美，容易驯服，是世界闻名的笼养鸟。它们整天在笼中叽叽喳喳，大人们常常被吵得厌烦了，它却独得小朋友们的欢心，因为它喜欢跟小朋友们玩。

虎皮鹦鹉有着许多好听的别名，比如阿苏尔、娇凤、彩凤，在分类上属于鹦形目、鹦鹉科的成员。跟其他鹦鹉一样，它们的脚很特殊，两趾朝前，两趾朝后，适于嘴脚并用地攀缘树木。

野生的虎皮鹦鹉身披绿黄色的羽衣，头和上体布满黑色斑纹，很像老虎皮的花纹，因此得名虎皮鹦鹉。虎皮鹦鹉嘴钩曲而强大，嘴基部有虹膜，有长长的楔形尾，整个身体华丽而苗条。

虎皮鹦鹉原产于澳大利亚南部，在那里它们成大群栖息，主要吃一些植物种子和果实。不论是繁殖期间还是平常总是不停地吵吵嚷嚷，非常热闹，营巢在树洞中，巢穴内铺垫木屑和羽毛。

虎皮鹦鹉不仅羽色艳丽，姿态优美，又不怕人，而且耐寒暑，易于饲养和繁殖，500多年前就被人们培育成笼鸟。经过人们多年的培育，产生了许多人工品种，有波纹形、淡色型、玉头型、黄色型等。自1860年澳大利亚生物学家癸格曼德对基因工程的重大发现与突破后，各种虎皮鹦鹉的变种进入前所未有的多样性，已达上千种的变种。

虎皮鹦鹉体羽颜色分为绿色系列和蓝色系列。雌雄虎皮鹦鹉从外形上容易区分，雄鸟上嘴基部蜡膜为蓝白色，雌鸟蜡膜为肉色；个别品种雄鸟蜡膜为黄茶色，雌鸟为暗茶色。

对初学养鸟爱好者来说，饲养虎皮鹦鹉还是比较适宜的。最好成对饲养，选择较大的繁殖箱笼。虎皮鹦鹉喜欢吃带壳的种子，一般喂给它的谷子、黍子、稗子和糁子，单喂一种或混合喂都可以；还要经常喂给一些白菜、胡萝卜、油菜等青绿饲料。日常管理也很简单，食、水、菜隔天换一次就行，更换时，先要把吃剩下的谷物种子壳吹掉，将剩下的菜取出，再添上新的谷物、种子和菜。

每周需要清扫一次笼底。虎皮鹦鹉不喜欢水浴，一般不用准备浴水。一般每巢产 4～6 枚白色圆形的卵，卵产第 3 枚后雌鸟才开始孵卵，孵化期 18～20 天，育雏期是 25～35 天。

据资料介绍，虎皮鹦鹉经训练，不仅能学各种技能，还会学"说话"，有兴趣的读者不妨试试。这里要提醒一下，一定要从雏鸟期训起，先把出壳 15 天的雏鸟从巢中取出，每天 6～18 小时，隔一个 1.5 小时人工喂一次青菜末拌鸡蛋小米，每次喂到嗉囊鼓起为止。雏鸟自己会啄食后再放在手上喂，用食物引诱它爬梯子、跨绳子，慢慢就学会一些小技艺。教"说话"，需要单只饲养在安静无噪声的房间里，每天放 20～30 次同一句简单话语的录音，你喜爱的聪明的虎皮鹦鹉，一周内便能学会"说话"了。

提示

人工饲养下，虎皮鹦鹉四季都可繁殖，一年能繁殖 4～5 窝。但是，为了保持种鸟和后代健康，盛夏应终止繁殖，拆除巢箱。在我国北方，冬季房舍温度在 10℃以上，才能繁殖。

第九章
鸟与文明

一·鸟与科技

  鸟类是唯一的一种全身长有羽毛，并且长有翅膀、能够飞翔的动物。人们从鸟儿的身上得到许多启示，它启发了人类的智慧，为人类探求理想的技术装置或交通工具，提供了原理和蓝图。

  鹰击长空，鸽翔千里，自古以来人们就很羡慕鸟儿的飞行本领，渴望能像鸟儿一样飞上天空。传说 2000 多年前，就有一位勇敢的人用大鸟的羽毛绑在身上，作为翅膀，能够在空中滑翔百步以外；15 世纪，意大利有一位叫达·芬奇的人设计了一种机翼架，试图用脚的蹬动来扑动飞行，但这些都未能成功实现飞上天空。

  后来，人们经过对鸟类飞行的长期观察和研究，终于揭开了鸟展翅高飞的奥秘，在此基础上，于 1903 年发明了第一架人造"飞鸟"——飞机，实现了人类几千年飞上天空的理想。

人类自从发明了飞机飞向天空以后，不断地研制出各种飞机。现在飞机已经比任何鸟类飞得更快、更远、更高了，但是尽管如此，在某些飞行技术和飞行器结构上，仍然不如鸟类那么完善，比如百灵鸟可以直飞直落，在空中急剧旋转，随意翻飞；蜂鸟不仅可以垂直起落，而且还能定悬空中，进退自如；猫头鹰飞行时可以不发出任何声音，这些都还有待于人们对鸟类飞行的特殊性进行进一步深入研究。

南极的企鹅是大家比较喜欢的鸟类，走起路来摇摇摆摆，活像个"胖绅士"。但在冰雪上，若遇到危急情况，能马上倒地，腹部贴在冰雪面上，蹬起作为"滑雪杖"的双脚，以每小时 30 千米的速度滑行。科学家观察和研究了企鹅的滑雪情况后，根据运行方式，研究设计了企鹅极地越野车，这种车不用轮子，用宽阔的底部贴在雪面上，用转动的"轮勺"（相当于企鹅的滑雪杖）推动前进。这样不仅解决了极地运输问题，而且也可以在泥泞地带行驶。

鸟类视觉非常敏锐，如鸽子就有一对"神眼"，能从上百只鸽子中，在几秒内找到自己的配偶，人眼是发现不了的，鸽子却可以清清楚楚地看到，于是人们训练鸽子当产品"质量检验员"。科学家们还根据鸽子眼的结构，研制出"电子鸽眼"，这种"电子鸽眼"能够检测在一定方位上经过眼前的物体的运动速度、方

向、形状和大小，还可以制成警戒雷达，监视飞来的飞机和导弹。

鹰眼的结构更是特殊，能够在几千米高空看清地面的猎物，人们根据鹰眼制成的"电子鹰眼"，可以扩大飞行员的视野和视觉敏感度，还可以用来控制远射程激光制导武器的发射。

野鸭的脚蹼，除能划水驱动身体前进，还能帮助野鸭飞离水面，又是野鸭的"水翼"，由此人们研制出了"水翼船"。这种船阻力小，速度快，吃水浅，是一种非常理想的水上交通工具。还有，人们根据啄木鸟头部的结构，研制出了防震帽，是生产车间、建筑工地等必不可少的安全用品。

除此之外，不少鸟类还是出色的"气象预报员"和地震、火山的"监测员"。我国"燕子低飞，蓑衣披"等民间谚语，就是总结多年的实践经验形成的。鸟类为人类的生产生活做出了不少的贡献。随着科学技术的发展，人们还会不断从鸟类身上得到有益的启示，以获取更多的技术装置来造福于人类。

二·邮票画像

邮票最早出现于 17 世纪中期的法国，供寄递邮件贴用的邮资凭证，一般由主权国家发行。邮票的方寸空间展现出一个国家或地区的历史、科技、经济、文化、风土人情、自然风貌等特色，这使得邮票除了邮政价值之外，还兼有收藏赏析的价值。

鸟是人类的朋友，在人类漫长的历史长河中，鸟类有着不可磨灭的功绩。鸟肉味道鲜美，营养丰富，自古就是人们喜爱的食品；鸟羽毛不单单是很好的保温材料，也深入到人类的政治和文化生活中。

鸟类有一双灵巧的翅膀，振翅翔飞天空，带给人类无限的遐想，因而也成为人们吟诗绘画的题材。许多散文和诗歌都与鸟类有关，如鸿雁传书、凤凰涅槃、喜鹊登梅、松鹤延年、鹏程万里，人类与鸟类传递着无限的情感和遐想。鸟类在通信、航天事业中有着卓越的贡献，如信鸽；鸟类还有保护人类居住环境卫生的作用，如乌鸦、喜鹊、鹊鸲常到垃圾堆、污水坑和厕所附近寻找各种虫子和弃物；许多鸟类对环境质量的变化十分敏感，某些种类的异常或灭绝，往往是自然环境已经恶化、人类生存已经受到威胁的征兆。

随着人类社会的发展，人们进一步认识到，鸟类是自然生态中一个重要的组成部分，也是维护自然生态平衡不可缺少的一环，在保证农林牧生产、保证人类生存方面有着重要的作用，如一棵十多年的松树，只要有30条松毛虫，就可把针叶全部吃光，

而一只杜鹃平均一天就可吃松毛虫 100 多条；一对灰喜鹊能控制 500 亩松林免受虫害，可见，保护鸟类资源，从某种意义上讲就是保护人类自身的生存。

世界上的鸟类有 9200 种，它们遍布全球，是陆地上分布最广、种类最多的脊椎动物。鸟类世界的异彩纷呈，成为各国人民印制邮票的主角，各国人们为了宣传鸟类、认识鸟类、保护鸟类，纷纷设计出各种鸟类邮票供大家欣赏。

三·鸟与文学

惊弓之鸟

战国末期，诸侯各国联合起来对付秦国。赵国派魏加到楚国去拜见春申君，见面后魏加问他说："您有领兵的将军吗？"春申君答道："有啊，我打算让临武君做将军。"魏加想了一下说："我小时候喜欢射箭，我想用射箭说明一个道理，可以吗？"春申君说："当然可以！"于是魏加就讲了一个故事。

从前魏国有一个叫更羸的射箭能手，与魏王一起谈话，忽然天空飞来一只大雁，便对大王说："大王，您看，只要拉一下弓，大雁就会应声落地。"魏王说："有那么准吗？你是在开玩笑吧。"更羸回答说："可以。"正说着这只孤雁飞了过来，更羸马上拉开弓，装作射箭的样子，只拉弦不发箭，那只大雁果然随着弓弦的声响掉了下来。

魏王惊叹更羸的射箭技术，更羸指着地上的雁说道："其实这是一只受过伤的雁。"魏王奇怪地问："先生怎么知道这是一只受伤的雁呢？"更羸回答说："这只雁飞得很慢，说明它受过伤；叫得很惨，是它和雁群失散很久，旧伤没有恢复；因此听到弓弦的响声，就以为有人射它，心惊胆战地拼命高飞，以致旧伤破裂，疼痛难忍，自然掉落下来。"

魏加讲完这段故事，又对春申君说："临武君曾经被秦国打败过，心中一定害怕秦军，我看他不能作为抵御秦军的将军。"

这个故事出自《战国策·楚策四》，后来人们从这个故事中概括出"惊弓之鸟"这个成语，用来比喻受过惊吓的人，遇到类似的情况就会惶恐不安、心有余悸，不仅办不好事情，还会遭受更惨的失败。

此成语故事中所提及的雁，一般认为是雁形目、鸭科的鸿雁。雁形目的鸟类都为水栖种类，它们体型似鸭，头较大，嘴一般呈扁平状，尖端具嘴甲，两侧边缘均具栉状突，颈长，有时稍曲，翅膀狭尖而长，适于比较快速地长途飞行。大多数的种类翅上有翼镜，色彩鲜艳，有金属光泽，绒羽非常发达，腿较短，着生在身体的较后处，前三趾间有蹼膜，后趾短，着生位置也较高一些。雁形目的鸟类大多雌雄异色，雄鸭较大，羽色艳丽，并具金属光泽。

雁形目鸟类多栖息在不同的水域中，有时也居住在沿岸地区，大多数都善于游泳，食物较杂，繁殖期比较爱吃动物性食物，迁徙和越冬时都以植物性食物为主。

　　它们繁殖期间大多为一夫一妻制，有的是终身配偶，有的种类配偶并不固定，筑巢地点也因种类的不同而不固定，有的将巢建在树上，真可谓"赶鸭子上树"；有的将巢筑在石缝间、岩石下。雁形目鸟类大多是候鸟，它们秋季南迁，春季北移。生活中最可恶的敌人就是猛禽，比如雀鹰、隼类；另外，秃鼻乌鸦常是野鸭蛋的"偷盗者"。

加拿大黑雁

斑头雁

灰雁

白额雁

支公好鹤

　　晋代有一位僧侣，字道林，世称支公，住在剡东岇山，现今浙江省境内。他非常喜爱白鹤。一天，有人送给他一对小白鹤，他很细心地饲养着。没过多久，白鹤长齐了翅膀，想要飞翔，支公非常担心他们会飞走，就剪断他们的翅膀。白鹤是善于飞翔的鸟类，生性喜欢飞得很高，现在被剪短了翅膀，不能再飞翔了，白鹤低垂的头看着自己被剪短的翅膀非常沮丧。支公看到后想，白鹤既然有直上云霄的姿态，又怎能愿意做人们眼前的玩物呢？于是支公就加紧喂养，白鹤的翅膀很快长好了，然后放它们飞走了。

这个寓言提到的白鹤是鹤形目、鹤科的鸟类。白鹤在鹤类中属最大的，它全身羽毛纯白色，唯有初级飞羽是黑色的，因此有人称它黑袖鹤。头前部裸露为肉红色，喙和跗跖呈暗红色，素裳玉立，高贵而典雅。

　　白鹤在我国是旅鸟和冬候鸟，每年四月初到五月下旬，经过齐齐哈尔附近的乌裕尔海下游飞往西伯利亚，秋季迁到黑海地区、印度北部和我国长江下游越冬。白鹤的巢筑在沼泽地的水洲中，巢很简陋，每窝产卵2枚，雌雄亲鸟鼎力合作，轮流孵化约30天，幼雏出壳。出壳后互不相容，一有机会就互相猛啄，直到其中一只被啄死。若亲鸟外出觅食，不在身旁，就啄得更凶了。

　　野生白鹤的数量稀少，国际鸟类红皮书已将其列为濒危物种。原因很多，一方面人们对白鹤赖以生存环境的破坏，过度的滥捕滥杀；另一方面是白鹤自身原因，诸如繁殖慢，每窝仅产2枚卵，还有互相残杀的现象，据国际鹤类基金会的专家说，他们从来没有收到过同一窝的两只幼鹤都成活的报告。

　　要特别提及的一点，我国古代诗人、画家，构思奇妙，想象丰富，常将鹤与松树联系在一起，如松鹤延年，这其实违背了鹤的生活习性。鹤类素以三长著称，颈长腿长喙长，它的足具四只，三只向前，后一只退化，位置稍高，与前三趾不在一个平面，因此不能抓握树枝，只能在草地上行走，更不会栖息在树上或在树上筑巢。

鹤类喜欢在沼泽、浅水地带生活，以鱼、虾、昆虫等为食。全世界有鹤类 15 种，既有羽毛洁白如雪的白鹤、丹顶鹤，也有羽毛灰黑的灰鹤、蓑羽鹤、白枕鹤、赤颈鹤、加拿大鹤，还有被称为"锅鹤"的白头鹤——它的羽色如锅底，而黑颈鹤的体羽灰黑、颈部乌黑，更是鹤类中的"精品"，是世界上唯一栖息在海拔 3000 米以上的高原鹤。

蓑羽鹤

高原气候多变无常，暴风雪过后，气温常降到 –10℃，而黑颈鹤却能战胜恶劣的自然环境，顽强地生活在那里并抚育后代，令人赞叹！

我国素有"鹤类之乡"之称，世界上 15 种鹤，见于我国的达 9 种之多，而丹顶鹤、黑颈鹤还是我国的特产。我国也是饲养鹤类最早的国家之一，商周时代已经十分盛行，至今约有 4000 多年的历史，流传下了许多关于鹤类的传说和寓言。

我国鄱阳湖自然保护区是世界上最大的白鹤越冬地，近年来这里的白鹤已有 4000 只，占全球白鹤总量的 98% 以上，鄱阳湖成了是举世瞩目的白鹤王国。

危如累卵

危如累卵，这个成语最早出自《韩非子·十过》，书中这样记载的："故曹小国也，而迫于晋楚之间，其君之危，犹累卵也。"

有这样一个故事，春秋时期，晋国的晋公想建造一座九层的高台，供自己玩乐用，但是他怕大臣们反对，就事先对大臣们说："我的主意已定，谁要是反对，我就杀了谁！"这样一来，大臣们都很害怕，诚惶诚恐的，谁也不敢过问此事。

一天，有一个名叫荀息的官员，求见晋公。晋公以为他是来劝说自己的，就把箭搭在弓上，准备射死他。可荀息见到晋公后却说："我不是来劝阻您建造高台的，而是想请您看看我的本领。我能把十二个棋子堆起来，并且在上面再加上九个鸡蛋。"晋公听了很感兴趣，就要求荀息快做给他看。荀息把棋子摆在桌子上，又把九个鸡蛋慢慢地搁上去，鸡蛋在棋子上面颤颤悠悠，摇摆欲坠。在一旁观看的大臣们都很紧张。晋公也情不自禁地喊道："危险啊，太危险了！"这时候荀息慢条斯理地说道："这还算不上危险！还有比这个更危险的呢！"晋公以为他还要表演什么玩意，

忙不迭地说："赶快表演给我们大家看。"荀息却说："您建造九层高台大概花三年的时间也造不完，这三年中，男子不能耕地，女子不能织布，这样国家必然要贫困。如果这时候其他国家趁机起来攻打我们国家，那后果就不堪设想了，岂不更危险？"晋公听了

此话，觉得很有道理，就决定不再建造九层高台了。

后来人们就用危如累卵这个成语，来比喻情况非常危险，好像垒起来的鸡蛋一样，极易倒塌、破碎。

一箭双雕

一箭双雕，成语出自《北史·长孙道生传》中记载的一个故事。南北朝时期，宣帝派长孙晟和宇文、神庆两将军护送公主去突厥与首领摄图完婚。摄图见到长孙晟后，很是喜欢，两个人性情相投，彼此合得来，于是常常一起打猎、游玩。一天，他们正在游玩，突然看见天上有两只大雕，正在空中抢肉吃，两只雕你夺我抢，互不相让。摄图对长孙晟说："你能把它们射下来吗？"说着随手递给他两支箭，长孙晟拿起剑催马赶去，只见那空中的两只雕还在纠缠搏斗着，他举起弓，搭上箭，瞄准目标，"嗖"的一声，长孙晟射出了一支箭，但见那两只雕翻滚着一同落到了地上，这一箭正好将两只雕穿在了一起，摄图见了连连称赞：

"好箭法，好箭法！"

"一箭双雕"就是从这样一个故事中概括出来的，本意是一箭射中两只鸟，比喻箭法高明。后来人们就用这个成语比喻做一件事情达到两个方面的目的，也就是一举两得的意思。

这个成语中的雕（鵰）是一种猛禽，属于隼形目、鹰科的鸟类。它的特点是体型较大，粗壮；形态优美，身披以褐色为主的羽衣，翅膀和尾羽长而宽阔，飞行时扇翅较慢，常常是在近山区的高空盘旋翱翔。雕为肉食性鸟类，嘴和脚部强壮而有力，除嗜食鼠类外，还捕食野兔、幼畜等较大型的哺乳动物。

早春，雕开始成对盘旋在高空，追逐嬉戏。成婚后，他们将巢筑在悬崖峭壁的岩石凹陷处，或高大乔木上，巢是用大小、粗细不同的枯枝像搭积木一样堆成，巢内装饰上枯草、枯叶和柔软的鸟羽、兽绒等。一般每窝产 1～3 枚卵，2 枚较常见，大多由雌鸟来孵卵，孵化期较长达 45 天。雏鸟为晚成鸟，依赖性很强，需要亲鸟喂养 2～2.5 个月的时间，才能离巢飞出，独自迎接自然界的挑战。

我国常见的有金雕、乌雕、草原雕、白肩雕等，这些猛禽在自然界的数量比较少，有的还被列为国家各级保护的鸟类。它们性成熟年龄一般较晚，繁殖率也低，每年一对成鸟一般仅繁殖 1～4 只雏鸟。雕类都是肉食性或腐食性鸟类，在消灭有病的动物尸体，消除有机物对环境的污染有着特殊的贡献，因此人们更应小心地保护好它们。

白头海雕

现今环境的破坏，农药的使用和人类的过度捕杀，已使这些雕处于更加危险的境地。我们不仅要以身作则，不乱捕滥杀鸟类，不掏窝拣蛋，更要以我们的力量呼吁世界人民一起爱鸟护鸟，保护好我们与人类友好的朋友——鸟类。

闻鸡起舞

闻鸡起舞这个成语比较常见了，"闻鸡"就是听到鸡的叫声，"起舞"是指起来演练武艺，舞刀弄剑。这个成语是用来比喻有志气的人奋发图强，勤学苦练，获得本领。

该成语是从《晋书·祖逖传》中记载的"中夜闻荒鸡鸣，蹴琨觉曰：'此非恶声也！'因起舞。"概括出来的。西晋时期，封建朝廷十分昏庸腐败，国家极其虚弱，北方的异族统治者，趁机骚扰，百姓生活在痛苦中。当时有一名叫祖逖的青年，他与好友刘琨住在一起，面对腐朽黑暗的社会现实，他们无限忧虑和悲愤。二人翻来覆去总是睡不着，他们想怎样才能练出本领，保卫和治理国家呢？到了半夜，听到鸡叫的声音受到启发，祖逖推醒刘琨，俩人起床到院子里去练习武艺，祖逖手执长剑，刘琨手挥大刀，在皎洁的月光下刀光剑影，两个热血青年认真地挥舞起来。从此以后，无论凛冽的严冬，还是炎热的酷暑，也无论是刮风还是下雨，一听到鸡鸣，他们就立刻起身练武，俩人勤学苦练，武艺都很高强。后来祖逖当了奋威将军，率领部队日夜操练，在战斗中，他的队伍纪律严明，作风勇敢，打了不少胜仗，而因此受到群众的支持和拥护。

故事中所提到的鸡，无疑是老百姓家中养的家鸡，雄性家鸡善啼鸣，羽色美艳，跗跖有距，善斗。雌鸡5～8个月龄开始产蛋，年产近百个或200～300个不等。家鸡的品种很多，分蛋用、肉用、肉蛋兼用和观赏型，以及供人们玩赏的斗鸡。

鸡属鸡形目雉科，这类鸟适于陆栖步行，与鸠鸽类一起被列为陆禽。它们头顶常具有羽冠或肉冠；嘴短粗而强壮，上嘴先端微向下弯曲，利于啄食种子；翅短圆，不善远飞；脚强壮，适于奔驰；生有适于掘土挖食的钝爪，雄鸡的跗跖部有距。繁殖期间好斗，雌雄同色或异色，异色时雄性羽色华丽。

家鸡常栖息在地面上，晚上在树上宿夜，主要以植物种子、果实和昆虫为食物。繁殖期间常为一雄多雌，多数营巢在地面的凹陷处，铺以枯草，落叶即可。雏鸟为早成鸟，出壳后即可独立取食。

蒙鸠为巢

荀子是战国时期的著名思想家，他擅长说理，分析透辟，喜欢用比喻手法和排比对偶式，风格浑厚。这个寓言故事就出自《荀子》一书的《劝学篇》。书中是这样记载的："南方有鸟焉，名曰蒙鸠，以羽为巢，而编之以发，系之苇苕。风至苕折，卵破子死，巢非不完也，所系者然也。"

它讲的是这样一个寓意深刻的故事：南方有一种鸟叫蒙鸠，它的巢是用发丝把羽毛编织起来，然后再把鸟巢结在芦花上，大风吹来，折断芦苇，鸟蛋也被打

破了，里面的雏鸟也摔死了。蒙鸠为什么会遭到卵破子亡这样大的不幸呢？这并不是鸟巢筑的不坚固、不完善，而是因为蒙鸠把巢结在经不起风雨袭击的芦苇上。这则寓言的原意是强调人们要学习正道，以作为立身之本；它说明了：基础不牢，一切努力都是枉然的。

寓言故事所提到的蒙鸠，属于鸠鸽目、鸠鸽科家族的一名成员。鸽形目的鸟类大多是中型的食谷鸟类，体型很似家鸽；嘴的基部有一层蜡膜，翅膀尖而长，飞行迅速；尾呈圆形或楔形，脚短而强健，适于快速奔走。

大多数鸠鸽类的鸟栖息在多树或多岩石的山区或建筑物上，主要以植物性食物为主，比如杂草种子、农作物种子和植物果实等，也兼食一些昆虫。到了婚配的季节，会成对成双地厮守在一起，而到了秋冬季则结群栖息。

鸠鸽类鸟的巢一般筑在树干的水平枝杈间，是用草和细枝编织而成，很粗糙，像一个破筛子，巢内的"装修"也很简陋，不放置任何柔软的衬垫物。若从树底下向上看，可以透过巢材看到巢内的卵，难怪荀子老先生要以鸠鸽类鸟巢作他寓言故事的素材。

鸠鸽类鸟一般每窝产两枚白色的卵，双亲极负责任的轮流孵化，18天左右雏鸟出壳了，父母亲喂给小鸠鸽营养丰富的"鸽乳"。"鸽乳"是鸠鸽类鸟特有的，它是雌雄鸠鸽鸟嗉囊里一种特殊腺

体分泌物，含丰富的蛋白质、脂肪、维生素和促进生长的生长素，足可以与哺乳类的乳汁相媲美了。雏鸟将嘴伸进亲鸟口中取食这美味的"鸽乳"，约16天才"断乳"，这时幼鸟即可离巢自己觅食了。

维多利亚冠鸠

我国有鸠鸽类30余种，分为鸠鸽类和沙鸡类两大类，常见的有岩鸽、山斑鸠、珠颈斑鸠、毛腿沙鸡等。它们最可怕的敌人就是猛禽，但它们防御敌害很有一招，就是"丢卒保车"。鸠鸽的羽毛层很厚，非常容易脱落，当猛禽袭击并用利爪抓它时，所抓地方的羽毛全部脱落，因此得以死里逃生。当然这是生物进化过程中所形成的一种保护性适应。

鹏程万里

传说远古的时候，在遥远的北海有一条特别大的鱼，它的名字叫鲲。鲲的身体特别庞大，身宽达几千米，至于身体有多长就没有人知道了，总而言之，鲲是个庞然大物。

后来鲲变成了鸟，当然了，也是一只很大很大的鸟，名字改作鹏。大鹏鸟的背像泰山那样高，飞起来的时候，它的翅膀就像遮天蔽日的云层。有一次大鹏鸟向南海飞去，它在南海海面上击水而行，一下就是3000里；它向高空飞去，能卷起一股暴风，一下就飞出9万里。它飞出去，要等半年才飞回南海休息。大鹏鸟很大，飞在空中时，它背靠着青天，而云层却在它的下边。

生活在洼地里的小鹡雀，看见大鹏鸟飞得那么高，那么远，很不理解，就说："我们往上飞，不过几丈高就落下来了，飞越树梢也就算最高了，大鹏鸟为什么要飞向9万里以外的远方呢？"

这则成语故事出自《庄子·逍遥游》。书中说："鹏之徙于南冥也，水击三千里，抟扶摇而上者九万里。"后来人们从故事中概括出"鹏程万里"这个成语，用于比喻前程远大。

"鹏程万里"中的鹏，指大鹏鸟是由大鲲鱼变的，至于大鹏鸟是现今的什么鸟已无从考证，大多数人认为它更像现今的鹫类家族的鸟。秃鹫可以算得上现今最大的会飞的鸟了。

秃鹫飞得很高，但在猛禽中它的飞翔能力并不很强，是用一种比较节省能量的飞行方式——滑翔飞行的，用它们特有的感觉，借助上升的暖气流，展开硕大的翅膀，长时间翱翔于空中，在荒山野岭的上空悠闲自在地傲视着地面，搜寻食物。

风声鹤唳，草木皆兵

"风声鹤唳，草木皆兵"这个成语出自这样一个故事：东晋时期，前秦王苻坚灭前燕、前凉及代国，最终控制了北方。公元

383 年，苻坚强行征集各族人民，组成百万大军进攻东晋，企图一举消灭晋国。然而，东晋将士临危不惧，宰相谢安派谢石做大将，谢玄做先锋，率领 8 万精兵迎击前秦军队。

这年 10 月，秦军前锋付融率 25 万人马攻占了寿阳城，接着又乘胜围困了硖石，苻坚亲自率领 8000 名精兵赶到寿阳指挥战斗，并派朱序去劝谢石投降。

朱序原是东晋官吏，后来被秦军俘虏。朱序趁机将秦军的机密全部告诉谢石，并建议说，趁百万秦军还没到齐，赶快攻破秦军前锋，挫伤他们的锐气，秦军就会溃败。谢石听了朱序的话，觉得很在理，于是行动起来，趁苻坚急于进攻硖石的机会，派勇将刘牢之带 5000 名精兵袭击洛涧，歼灭秦军 1 万多人。

苻坚在寿阳城里听到落涧城战败的消息，大吃一惊。他和弟弟苻融急忙登上城楼，观察晋国的情况。只见晋军布阵整齐，壁垒森严，士气高昂，不由得暗暗吃惊。转眼又望向远远的八公山上，草木被风吹得左右摇摆，误认为这里也布满了晋兵。苻坚对苻融说，满山遍野是晋军的强兵，怎么说他们的兵少呢？他感到非常害怕。

后来谢玄派人向苻坚要求渡过淝水，跟秦军会战，苻坚答应了谢玄的要求，命令部队后撤。秦军内部本来就军心不稳，各族士兵也不愿意作战，再加上落涧战败，人心惶恐，因此一接到后退的命令，士兵们以为前方打了败仗，都惊慌地奔逃，根本无法阻止，乱了阵营。谢玄见秦军溃退，便带领晋兵渡过淝水，乘势追击，杀得秦军人仰马翻。这时朱序也趁机在秦军阵后大喊，"秦兵败了，秦兵败了！"秦军后方几十万人马闻讯惊慌逃命，溃不成军，自相践踏，在溃逃中失魂落魄的秦军听到风声、鹤鸣，也以为是晋军的兵追来了。

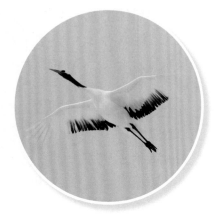

　　淝水一战，秦军几乎全军覆没，苻融被晋军杀死，苻坚中箭逃回洛阳。此后不久，前秦政权就垮台了。后来人们就用"风声鹤唳，草木皆兵"这个成语来形容人们由于受到惊吓，惊慌失措或自相惊扰，有时这个成语简写成"草木皆兵"或"风声鹤唳"。

　　这则成语中提及的鹤，一般认为是我国的特产丹顶鹤。它易于饲养，所以古代不管是朝廷还是民间以养鹤为乐事。丹顶鹤的寿命很长，有 50～60 年之久，是鸟类中的"寿星"，人们常把它

与松柏并列，以"松鹤延年"作为长寿的象征。但现实是鹤类喜欢在地上活动，从不上树，这大概是艺术的魅力。

　　丹顶鹤身姿秀丽，有着修长的颈和腿，全身素妆，唯有双翼的一部分为黑色，尾羽也是纯白色，十分好看；头顶的皮肤裸露，为朱红色，像戴上一顶红帽子一样，深受人们的喜爱。丹顶鹤常常立于近水的浅滩上，以它那长而细的嘴捞食鱼虾、介壳类动物，偶尔也到农田取食少量的农作物或嫩草，但能觅食大量的蝗虫，

因此对人类非常有益。

丹顶鹤极善飞翔，飞翔时头颈与两脚伸直，姿态很美。每年春天，丹顶鹤便成小群从南方陆续迁到繁殖地，雌雄鹤不断地翩翩起舞，引吭高歌。鸣叫时，它们会将头颈向上直伸，双翅耸立，发出嘹亮的"呵、呵啊"声，雌雄鹤的这种交替对歌，要持续到小雏出壳。

丹顶鹤的"爱情"是"忠贞不渝"的，它们是严格的"一夫一妻"制，而且配偶可维持终身。欢腾的求偶表演和热闹的婚礼结束后，它们就营造"爱"的小巢了。巢很简陋，除了水生植物的茎叶外，一无所有，雌鹤就在这简单而温暖的窝中产下两枚卵，卵很大，呈灰褐色。经"夫妻俩"共同孵化，31 天左右雏鸟出世了，刚出壳后即能蹒跚步行，4～5 天后，即可随父母亲在草丛中觅食了。

丹顶鹤体型优美，举止文雅，或引颈高鸣，或展翅飞舞，常为诗人所赞叹，是著名的文化鸟类。

鹬蚌相争，渔翁得利

"鹬蚌相争，渔翁得利"这个成语早已家喻户晓，讲的是这样一个故事：一个蚌张开蚌壳在海滩上晒太阳，一只鹬鸟从空中飞到海滩上，用长嘴啄食裂开壳的蚌，于是一口啄住了蚌的肉。蚌急忙合拢，蚌壳紧紧夹住鹬鸟的长嘴，不管水鸟如何用力摔嘴也拔不出来。蚌同样也脱不了身，于是蚌和鹬鸟争吵起来。鹬鸟说："一天两天不下雨，你又回不了家，就会干死的。"蚌也不甘示弱"假如你不放我走，一两天后，你的嘴拔不出来，也别想活！"鹬鸟和蚌争吵不

停，谁也不让谁，这时有个打鱼人走过来，把它们两个一起捉走了。

这个成语出自《战国策》，战国时期赵国将要攻打燕国，燕国的大使苏代前去赵国劝阻，就对赵惠王讲了这样一个故事："今者臣来，过易水。蚌方出曝，而鹬啄其肉，蚌合而箝其喙。鹬曰，今日不雨，明日不雨，即有死蚌。蚌亦曰，今日不出，明日不出，即有死鹬。两者不肯相舍，渔者得而并擒之。"苏代对赵惠王讲的这个寓言故事，目的是说明双方执意相争，往往会让第三者得利的道理。当然，这个故事的情节并不完全符合动物的习性。

成语中所提的蚌是一种软体动物，这种动物都有一个硬的壳，血液是无色的，蚌类肉味鲜美，很受人们的喜爱；水产的三角帆蚌通过手术还可以人工培育珍珠。

成语中的鹬鸟，是我国南方常见的一种涉禽，喜欢在稻田、河滩、沼泽地带觅食，奔跑速度很快，一会儿这，一会儿那；翅膀长而尖，能突然起飞，而且方向不定。它具有细长而稍微向下弯曲的嘴，能啄食蜗牛、蚌等带壳的动物；长有一双长而秀美的脚，趾间具蹼，很适合于浅水沙滩上行走。

鹬喜欢集群生活，有时三五只小群，有时成上百只的大群。鹬生性不怕人，当人离它很近的时候，

才突然飞离。它们的"集体观念"很强，常排成整齐的"V"字形列队飞行。

鹬属于鸻形目的鸟类，种类很多。据科学家考证，该成语中提到的鹬是蛎鹬科的蛎鹬，这种鸟头和背部披黑色羽衣，下体白色，嘴和脚强健而有力，呈鲜红色；眼睛红亮。由于它全身黑白花色格外醒目，很像喜鹊，人们还称它"海喜鹊"。

蛎鹬生活在海边，在海边岩石缝、沙丘上筑巢，一般每巢产3枚卵，亲鸟要孵化28天雏鸟才出壳；出壳后小蛎鹬需要亲鸟精心喂养1个月左右，才能出巢自己觅食。

这里需要说明的是，蛎鹬确实很喜欢吃蚌、螺之类的软体动物。它有侧扁而坚实的嘴，能像凿子一样插入微微打开的蚌壳内，快速啄打控制闭壳肌的神经，使蚌壳不能及时关闭，蚌肉就成了蛎鹬的美餐。成语中描述的情节较鲜见。蛎鹬深受萨尔瓦多和爱尔兰人民的喜爱，被这两个国家定为国鸟。

螳螂捕蝉，黄雀在后

螳螂捕蝉，黄雀在后，这个成语出自战国时期的《吴越春秋》。书中这样记载："螳螂捕蝉，志在有利，不知黄雀在后啄之。"就是说螳螂要捕捉知了，却不知黄雀在后面等着啄食自己，比喻目光短浅的人，只图侵害别人的利益，而不考虑自己的后患。

这个成语来自这样一个故事：战国时期，吴王要攻打楚国。

为了坚定自己的决心，他告诉左右大臣，我意已定，有谁敢谏阻的话，就地处死，这样群臣都很害怕。在吴王的身边人中，有一聪明的孩童想劝阻吴王，但又有些害怕，于是想来想去想出一个好办法。他怀里揣上一个弹弓，每天早早地来到吴王的后花园中的一棵大树下，盯着树上望。尽管露水打湿了衣服，他也毫不在乎。就这样一连过了3天，吴王看见了，觉得挺奇怪，就把他叫过来问，你为什么让露水把衣服沾湿成这个样子呢？这个孩童回答说："您看这个园子里的这棵树，树上有1只蝉，蝉高高在上，悠闲地叫着，自由自在地吸着露水，却不知道有只螳螂伸着前爪，在它身后正准备捕食它呢。"

"螳螂把身子完全贴在隐秘的地方，只想捕食蝉，却不知道有1只黄雀在一旁准备捕食它呢。而黄雀伸长脖子一心想啄食螳螂，却不知在它下面有个人，正拿着弹弓在瞄准它呢。这3个动物都力求得到自己的利益，却不知道在它们身后也隐伏着危机呢。"吴王听了孩童的话，深有感触，最后决定不再攻打楚国了。

这个成语中提到了3种动物，其中黄雀属于雀形目、雀科的鸟类，别名又叫黄鸟、金雀、芦花黄雀，在东北大兴安岭繁殖，迁徙时经河北、山东、江苏等地在浙江、福建、广东、台湾等地越冬。黄雀是一种小型鸟，大体绿黄色，具褐色羽干纹，翅有鲜黄色的

花斑。雄鸟头顶大都黑色，颏喉部中黑色，食物以植物的种子、果实为主，也吃昆虫和大量蚜虫。在山区、平原都可以见到黄雀的身影。平原区黄雀会在柳树、榆树、白杨树冠上活动；山区的黄雀则喜欢活动于松、杉等针叶树上，营巢在松树或杉树林中较高的树上，偶尔也营巢在较矮的赤杨树上。

黄雀由雌鸟孵卵，在孵化期内雄鸟负责给雌鸟喂食，这样经过 12～14 天的齐心合作，雏鸟出壳了。最初的时间里，需要靠亲鸟的精心喂养，以鸟妈妈为主，不久幼鸟就长大，可以独立生活了。

北京人喜欢饲养的笼鸟

黄雀是小型鸣禽，性情活泼，飞行迅速，边飞边鸣，虽然模仿能力不强，但在繁殖季节鸣声多变，悠扬动听，几乎整天叫个不停，热闹非凡，鸣叫时间长达 8 个月；黄雀不仅鸣声深受养鸟爱好者的青睐，还能经训练学习技艺，如表演戴面具、撞钟、抽签、放飞衔蛋。

参考文献

[1] 郑光美.中国鸟类分类与分布名录[M].4版.北京:科学出版社,2017.

[2] 段文科,张正旺.中国鸟类图志[M].北京:中国林业出版社,2017.

[3] 赵正阶.中国鸟类志[M].长春:吉林科学技术出版社,2001.

[4] 郑光美.科学家大自然探险手记:鸟之巢[M].济南:明天出版社,1982.

[5] 李雪,杨继光,周玉建,等.养鸟与鸟病防治500问[M].上海:上海科学技术出版社,2003.

[6] 李雪,等.拯救朱鹮:鸟类学家带我去探索[M].北京:人民教育出版社,2011.

[7] 李小慧.鸟与人类生活[M].北京:中国林业出版社,1988.

[8] 雅姬·麦卡恩.揭秘鸟类[M].董丽楠,译.西安:陕西人民教育出版社,2021.